LES LILIACÉES;

PAR

P. J. REDOUTÉ.

LES LILIACÉES;

PAR

P. J. REDOUTÉ.

TOME CINQUIÈME.

A PARIS,

CHEZ L'AUTEUR, RUE DE SEINE, N°. 6.

DE L'IMPRIMERIE DE DIDOT JEUNE.

1809.

AMARYLLIS MONTANA.

Fam. des Narcisses. *Juss.* — Hexandrie monogynie. *Lin.*

Amaryllis montana. A. spathâ multiflorâ, foliis lineari-subulatis, petalis alternis mucronatis, genitalibus erectis. *La Billard. ic. pl. syr. decas* 2. *p.* 5. *t.* 1. *Pers. enchir. p.* 354.

Amaryllis montana. A. corollis campanulatis æqualibus, laciniis alternis aristatis, genitalibus rectis corollâ duplò brevioribus, scapo folioso, foliis linearibus. *Willd. spec. pl.* 2. *p.* 56.

AMARYLLIS DES MONTAGNES.

DESCRIPTION.

La tige grêle et élancée de cette Amaryllis, ses feuilles linéaires, ses fleurs bleues, dont le périgone régulier est fendu jusqu'à l'ovaire, ses étamines droites, la distinguent suffisamment des autres espèces du même genre, parmi lesquelles elle ne tient peut-être pas un des premiers rangs pour son éclat, mais est loin d'occuper un des derniers quant à l'élégance de son port. Sa tige est haute de trois à quatre décimètres, grêle, flexueuse, cylindrique, glabre, à peine striée, feuillée, simple ou un peu rameuse vers le haut. Elle est entourée à sa base par cinq ou six feuilles radicales plus courtes qu'elle, linéaires, très-étroites, engaînées et enveloppées elles-mêmes dans leur partie inférieure par une gaine commune, membraneuse et brunâtre. Les feuilles caulinaires sont beaucoup plus courtes, très-peu nombreuses, embrassantes à leur base, qui est membraneuse sur les bords.

Les fleurs sont terminales, disposées en panicule ou ombelle irréguliere, et supportées par des pédoncules simples ou rameux. Celles qui terminent les rameaux sont solitaires. Les pédoncules qui supportent ces dernières sont embrassés à leur base par deux bractées opposées, lancéolées et membraneuses, beaucoup plus courtes qu'eux. Des bractées semblables, et en nombre égal à celui des pédoncules de l'ombelle qui termine la tige, forment autour de celle-ci une sorte de spathe ou collerette.

Le périgone est bleu, régulier, à demi ouvert, divisé jusqu'à l'ovaire en six laniaires lancéolées-linéaires, longues de trois centimètres environ, dont trois sont obtuses au sommet, et les trois autres, alternes avec les premières, sont terminées par une petite pointe.

Les filaments des étamines sont droits, filiformes, inégaux, insérés à la base des laniaires du périgone. Les trois plus courts tiennent à celles de ces laniaires qui portent une petite pointe à leur sommet. Les anthères sont oblongues, marquées de quatre sillons.

L'ovaire est en forme de toupie et adhère au périgone. Le style est filiforme, droit, plus long que les étamines, et terminé par trois stigmates oblongs et recourbés en dehors.

Le fruit est une capsule ovale-oblongue, rétrécie dans le bas, à trois valves, à trois loges, dont chacune renferme plusieurs graines noires et ovales.

HISTOIRE.

L'on doit la première connaissance de cette plante à M. La Billardière, qui l'a découverte dans les hautes montagnes du Liban, et c'est d'après des échantillons rapportés par ce célèbre voyageur que nous l'avons décrite et figurée. Il ne paraît pas qu'on l'ait encore introduite dans les jardins.

EXPLICATION DE LA PLANCHE.

La Plante de grandeur naturelle.

1. L'ovaire et le style.
2. La capsule coupée transversalement.
3. Une graine.

Amaryllis Montana   Amaryllis des Montagnes

ORNITHOGALUM SPATHACEUM.

Fam. des Asphodèles. *Juss.*—Hexandrie monogynie. *Lin.*

Ornithogalum spathaceum. O. scapo tereti, spathâ univalvi, umbellâ pedunculatâ subtriflorâ. *Hayne, in Usteri n. bot. annal. stuck.* 21. *p.* 11. *t.* 1. *f.* 1.
Willd. sp. pl. 2. *p.* 112. *Pers. enchir.* 1. *p.* 363.

Ornithogalum Haynii. O. foliis filiformibus strictis, scapo subtereti mono-
phyllo, umbellâ pedunculatâ subtriflorâ. *Roth. in Roemer. arch. bot.* 3. *p.* 42.
ex Willd.

Ornithogalum minimum. *Fl. dan. t.* 612.

ORNITHOGALE A SPATHE.

DESCRIPTION.

Les Ornithogales à fleurs jaunes disposées en ombelle forment un groupe
si naturel, les espèces qui le constituent se ressemblent tellement pour le port,
qu'on a dû naturellement les confondre entre elles avant qu'un examen attentif
ait pu faire apercevoir les différences qui les séparent ; aussi plusieurs d'entre
elles, quoique indigènes de l'Europe, ne sont-elles connues que depuis un petit
nombre d'années. C'est en particulier le cas de celle que nous allons décrire.
Long-temps confondue avec les *Ornithogales nain* et *jaune*, elle en a été distin-
guée par Hayne et les auteurs qui l'ont suivi : elle en diffère en effet par sa
hampe plus grêle et plus élancée, par ses feuilles radicales filiformes, par ses
fleurs plus petites, et surtout par la feuille solitaire en forme de spathe qui
naît de sa tige, au-dessous de l'origine des pédoncules. Elle diffère en outre
du premier par ses pédoncules glabres.

La bulbe qui lui donne naissance est ovale, grosse comme un pois, couverte d'une tunique membraneuse, brune. Il en naît inférieurement des fibrilles
radicales très-déliées et peu nombreuses. De son sommet sortent deux feuilles
filiformes, glabres, longues de deux à trois centimètres, et à peine larges d'un
millimètre et demi. La hampe qui sort de la bulbe entre les feuilles est un peu
plus courte qu'elles. Très-grêle dans le bas, elle augmente graduellement de
diamètre jusqu'auprès de son sommet, un peu au-dessous duquel elle porte
une feuille lancéolée-linéaire courbée en forme de spathe, redressée et s'élevant
jusqu'au niveau des fleurs. Celles-ci, dont le nombre varie de deux à quatre,
sont soutenues par des pédoncules simples, grêles et parfaitement glabres, qui
naissent du sommet de la tige, et qui sont entourés à leur origine d'une

collerette composée de folioles lancéolées, fort petites. Le nombre de ces folioles est, en général, supérieur d'une unité à celui des pédoncules, qui portent quelquefois eux-mêmes une petite bractée vers le milieu de leur longueur.

Le périgone est divisé jusqu'à sa base en six segments lancéolés, obtus, étalés, verdâtres en dehors, jaunes en dedans, marqués de nervures longitudinales, brunes, et longues de dix à douze millimètres. Ses étamines, dont trois sont plus courtes que les autres, n'atteignent pas la moitié de la longueur du périgone. Leurs filaments sont très-courts, en forme d'alène, un peu dilatés à la base. Les anthères sont jaunes, oblongues, redressées. L'ovaire est un peu ovalaire, surmonté par un style filiforme deux fois aussi long que les étamines. Le stigmate est simple. Nous n'avons pas vu le fruit.

HISTOIRE.

L'Ornithogale à spathe croît naturellement dans quelques parties du nord de l'Allemagne, et notamment auprès de Hambourg. C'est d'après un échantillon recueilli auprès de cette ville que nous le décrivons.

EXPLICATION DE LA PLANCHE.

La Plante entière de grandeur naturelle.

1. Une fleur isolée et ouverte.
2. L'ovaire et le style.

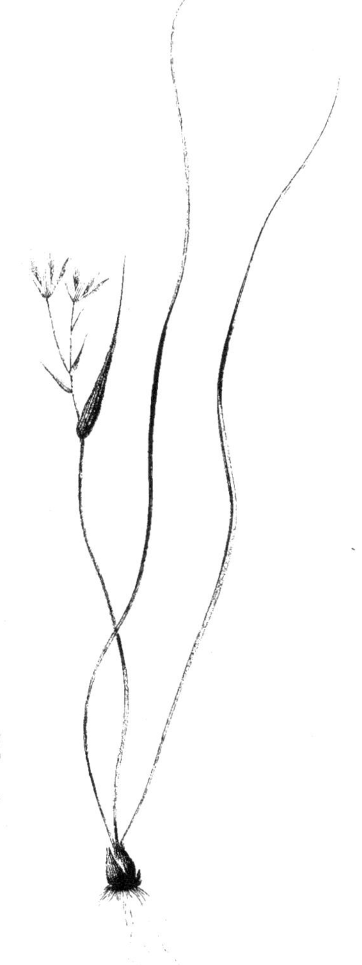

Ornithogalum Spathaceum   Ornithogale à Spathe

P. J. Redouté pinx.   Chapuy sculp.

POLYGONATUM LATIFOLIUM.

Fam. des Asperges. *Juss.* — Hexandrie monogynie. *Lin.*

Polygonatum latifolium. P. caule angulato, foliis sessilibus ovatis acuminatis,
  pedunculis uni aut multifloris. *Desfont. in ann. du Mus. d'Hist. natur. vol. 9. p. 50.*
Convallaria latifolia. C. foliis alternis amplexicaulibus acuminatis, caule angu-
  lato, pedunculis axillaribus unifloris. *Jacq. Austr. 3. t. 232. Pers. enchir. 1.*
  p. 373.
Polygonatum latifolium hellebori albi foliis. *Bauh. pin. 303? Raji hist. 665?*
  Moris. hist. 537? Tournef. instit. 78?
Polygonatum amplitudinis foliorum hellebori albi. *J. Bauh. hist. 3. p. 530.*
Polygonatum tertium latiore folio. *Clus. hist. 276.*

POLYGONATUM A LARGES FEUILLES.

DESCRIPTION.

La racine de cette plante est semblable à celle du Polygonatum multiflore,
mais plus grêle. Sa tige est haute de deux à six décimètres, flexueuse, cylindrique et nue dans le bas, anguleuse et foliée dans le haut, verte et hérissée
de poils courts et divergents. Elle supporte des feuilles alternes, sessiles, embrassantes, longues de douze à quatorze centimètres, larges de six ou sept,
rétrécies en pointe au sommet, glabres en dessus, hérissées en dessous le long
des nervures de poils semblables à ceux de la tige.

Les fleurs sont pendantes, un peu odorantes, supportées par des pédoncules
axillaires, rameux, velus et arqués. Ceux de ces pédoncules, qui naissent à
l'aisselle des feuilles inférieures, sont chargés de trois ou quatre fleurs ; les supérieurs n'en portent qu'une ou deux.

Le périgone est cylindrique, un peu en forme de cloche, de couleur blanche
et marqué de six lignes longitudinales, d'un vert jaunâtre. Son limbe est vert,
à six dents obtuses et étalées.

Les filaments des étamines sont en forme d'alêne, et adhèrent au périgone
dans la plus grande partie de leur longueur. Les anthères sont jaunes, linéaires,
redressées. Elles sont presque entièrement renfermées dans le tube de la fleur.
L'ovaire, de forme arrondie, supporte un style filiforme, égal en longueur aux
étamines, et terminé par un stigmate en forme de tête.

Le fruit est une baie sphérique, d'un bleu noirâtre, à trois loges, dans chacune des quelles sont de trois à cinq graines, d'abord verdâtres, ensuite brunes.

HISTOIRE.

Le Polygonatum à larges feuilles croît dans les bois montueux de lA'utriche, où on le trouve mélangé avec les Polygonatums sceau de Salomon, et multiflore. Il paraît étranger à la France. Nous le décrivons d'après un échantillon desséché, envoyé d'Allemagne à M. Decandolle par M. Schrader.

OBSERVATIONS.

Cette plante tient, à quelques égards, le milieu entre les Polygonatums multiflore et sceau de Salomon, avec lesquels elle a les plus grands rapports, et avec lesquels on l'a souvent confondue. Elle diffère de l'une et de l'autre par les poils qui couvrent sa tige et ses feuilles, par la grandeur plus considérable de celles-ci, ainsi que par leur forme plus rétrécie en pointe au sommet. Elle diffère en outre du premier par sa tige plus anguleuse, et ses fleurs d'un diamètre beaucoup plus considérable; du second, par ses pédoncules rameux et multiflores.

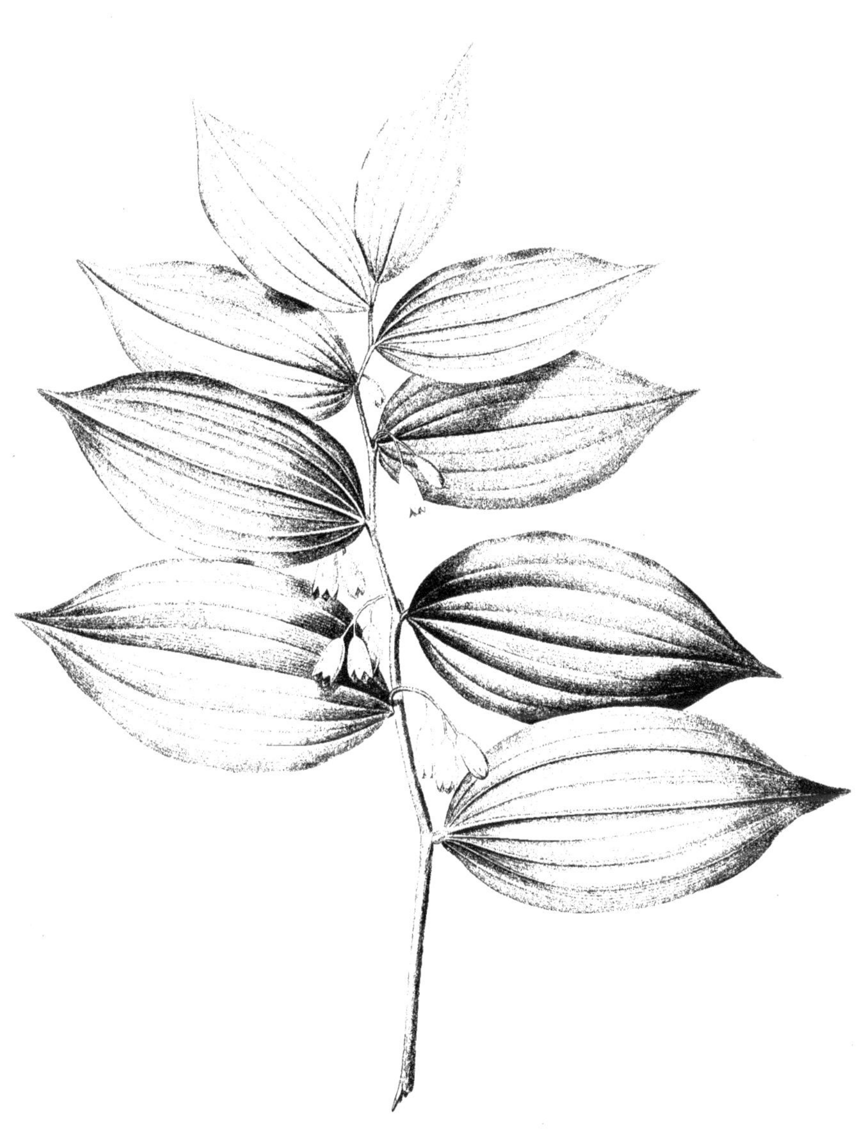

Polygonatum Latifolium.

Polygonatum à larges feuilles

P. J. Redouté pinx.

de Gouy sculp.

POLYGONATUM VERTICILLATUM.

Fam. des Asperges. Juss.—Hexandrie monogynie. *Lin.*

Polygonatum verticillatum. P. foliis lanceolatis verticillatis. *Desfont. in annal. du Mus. d'Hist. nat. vol. 9. p. 49.*

Convallaria verticillata. C. foliis verticillatis. *Fl. Lap.* 114. *Fl. Succ.* 275. 293. *Hort. Cliff.* 125. *Roy. Lugd-b.* 26. *Lin. spec. pl.* 451. *Scop. Fl. Carn. éd.* 2. *n.* 419. *Poll. Palat. n.* 338. *Lam. dict.* 4. *p.* 368. *Roth. Fl. Germ.* 1. 148. 2. 387. *Smith. Fl. Brit.* 1. *p.* 371. *Fl. Fr.* 1858.

Polygonatum caule simplici erecto, foliis ellipticis et verticillatis. *Hall. Helv.* 1244.

Var. A. caule simplici.

Polygonatum angustifolium non ramosum *Bauh. pin.* 303. *Moris. hist.* 2. 538. *sect.* 16. *t.* 4. *f.* 14. *Tourn. inst. p.* 78.

Polygonatum alterum. *Dod. pempt. ic.* 345.

Polygonatum quintum sive angustifolium primum. *Clus. hist.* 277.

Polygonatum minus. *Lob. ic. t.* 805. *Raji hist.* 666.

Polygonatum angustifolium Fuchsii. *Dalech. Lugd.* 1623.

Sigillum Salomonis angustifolium. *Trag. p.* 400.

Polygonatum angustifolium. *Fuchs. t.* 586. *Tabern. ic.* 757. *J. Bauh. hist.* 3. 531.

Var. B? caule ramoso.

Polygonatum angustifolium ramosum. *Bauh. pin.* 304. *J. Bauh. hist.* 3. *p.* 531. *Moris. hist.* 2. *p.* 538. *sect.* 16. *t.* 4. *f.* 15. *Raji hist.* 666. *Tournef. inst. p.* 78.

Polygonatum sextum sive angustifolium secundum. *Clus. hist.* 277.

Polygonatum angustifolium secundum. *Tabern. ic.* 758.

POLYGONATUM VERTICILLÉ.

DESCRIPTION.

La tige de ce Polygonatum est haute de six à huit décimètres, simple, grêle, à peu près droite, cylindrique, glabre et striée, nue inférieurement, feuillée dans la plus grande partie de sa longueur. Ses feuilles sont réunies cinq ou six ensemble en verticilles nombreux et rapprochés. Elles sont étalées ou légèrement redressées, lancéolées-linéaires, entières, marquées de nervures longitudinales nombreuses, dont chacune porte en dessous une rangée de poils très-courts, et seulement visibles à la loupe. La nervure moyenne, qui est plus forte que les autres, est parfaitement glabre, ainsi que le côté supérieur de la feuille. Les verticilles inférieurs ne sont composés que de trois ou quatre feuilles.

C'est à l'aisselle des verticilles moyens ou inférieurs que naissent les fleurs. Elles sont pendantes, blanchâtres, et plus petites que dans les autres espèces du même genre. Leurs pédoncules sont verticillés en nombre égal aux feuilles, et supportent chacun deux ou plus rarement trois fleurs. Quelquefois ils sont uniflores.

Le périgone est en forme de tube divisé vers son orifice en six segments demi-étalés, ovales, obtus et chargés à leur sommet d'une houppe de poils. Les étamines sont entièrement cachées dans le tube du périgone, auquel leurs filaments adhèrent dans la plus grande partie de leur longueur. Les anthères sont jaunes, oblongues et redressées. L'ovaire est libre, arrondi, surmonté par un style filiforme beaucoup plus court que les étamines, et terminé par un stigmate simple un peu en forme de tête. Il se transforme en une baie ronde, violette, à trois loges, dont chacune renferme deux graines.

HISTOIRE.

Le Polygonatum verticillé est assez commun dans les bois des montagnes de la plus grande partie de l'Europe, où il fleurit dans les mois de juin et de juillet.

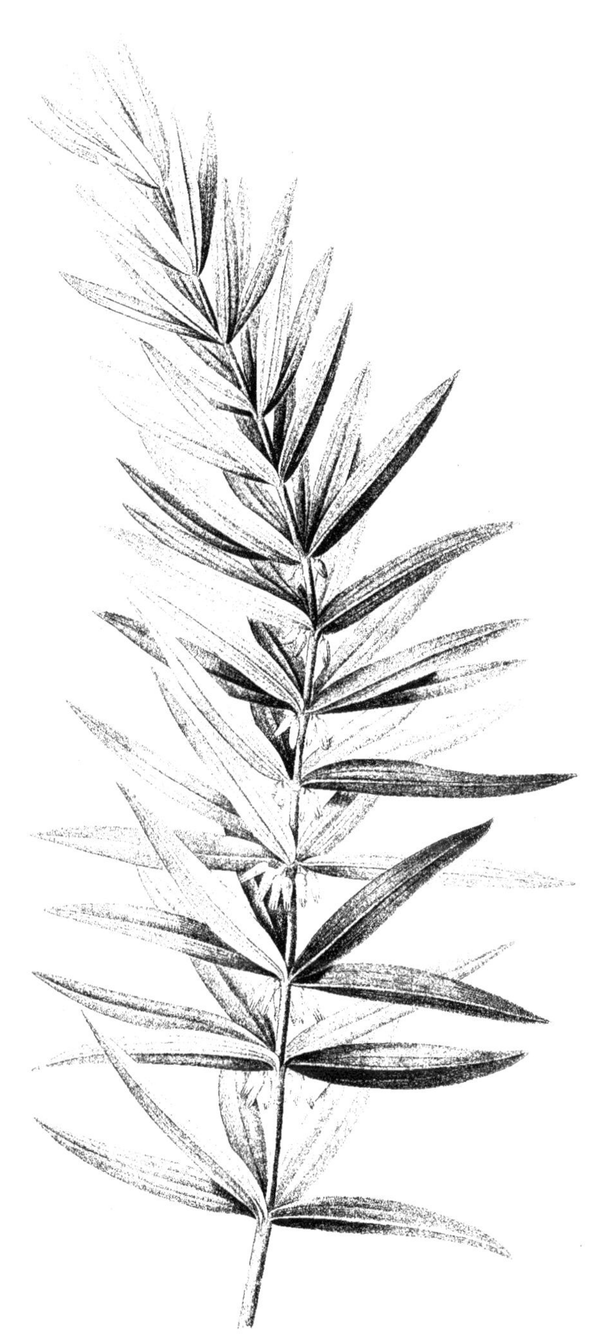

Polygonatum Verticillatum   *Polygonatum Verticillé*

WITSENIA MAURA.

Fam. des Iris. *Juss.* — Triandrie monogynie. *Lin.*

Witsenia maura. W. floribus discoloribus extùs tomentosis. *Pers. enchir.* 1. *p.* 42.

Witsenia maura. *Thunb. prodr.* 7. *Nov. gen. p.* 33. *tab.* 2. *Willd. spec. pl.* 1. *p.* 247.

Ixia disticha. I. caule ramoso, foliis ensiformibus distichè imbricatis, corollarum limbo erecto tomentoso. *Lam. dict.* 3. *p.* 333.

Antholyra maura. A. corollis regularibus extùs tomentosis. *Lin. Mant. pl. p.* 175.

WITSENIA MAURE.

Une racine décurrente donne naissance à des tiges ligneuses, hautes de six décimètres environ, simples ou rameuses, brunes et comprimées. Leur partie inférieure, du moins lorsque la plante est déjà âgée, est nue et marquée d'empreintes profondes et alternes, qui sont les vestiges de l'insertion des premières feuilles. Dans le haut, elles sont entièrement couvertes par les feuilles, qui sont très-serrées et embriquées sur deux rangs opposés. Celles-ci sont longues de huit à douze centimètres, comprimées en forme de glaive, engaînées à la base, étroites, linéaires, droites, roides, et parfaitement glabres.

Les fleurs, par leur réunion deux à deux au sommet de la tige ou des rameaux, forment des groupes tantôt solitaires, tantôt plus ou moins nombreux, entourés à leur base par une espèce de collerette ou de spathe composée de plusieurs bractées alternes, embriquées, ovales-lancéolées, concaves et d'une couleur brune. Ces bractées sont d'autant plus longues, qu'elles sont plus intérieures. Outre cette collerette commune, chaque fleur est entourée à sa base par une bractée particulière plus courte que les autres.

Le périgone, que les bractées enveloppent dans plus de la moitié de sa longueur, est redressé en forme de tube, et long de six centimètres environ. Son limbe est divisé en six segments droits, non-étalés, ovales-oblongs, concaves, un peu obtus, disposés sur deux rangs. Les trois extérieurs enveloppent les autres. Ils sont couverts en dehors, dans plus de leur moitié supérieure, d'un duvet serré et épais. Les trois intérieurs ne sont couverts de ce duvet qu'à leur extrémité. Le tube, qui est anguleux et qui s'élargit graduellement vers le haut, est jaune inférieurement, et d'un bleu noirâtre dans sa partie supérieure. Après la fleuraison, il se coupe circulairement à l'endroit de sa séparation d'avec l'ovaire.

Les étamines, au nombre de trois, sont insérées à la gorge du tube, et n'atteignent pas la longueur des segments du limbe. Les filaments sont courts, inégaux, en forme d'alêne, terminés par des anthères redressées, oblongues et jaunes.

L'ovaire, intimement soudé au périgone, est à trois angles obtus. Il supporte un style filiforme, égal en longueur au périgone, et surmonté par un stigmate en tête à trois lobes peu profonds.

Le fruit est une capsule dure, ligneuse, petite, triangulaire, à trois loges et à trois valves. Les graines sont nombreuses et anguleuses.

HISTOIRE.

La Witsenia maure est originaire du Cap de Bonne-Espérance, où il paraît qu'elle n'est pas très-répandue. Nous la décrivons d'après des notes et des échantillons desséchés, recueillis par Bruguières dans un voyage au Cap. Suivant ce naturaliste, la tige de cette plante renferme un liquide fort sucré.

OBSERVATIONS.

Thunberg, qui le premier a fait un genre à part de cette plante, a commis à son égard deux erreurs, relevées à juste titre par M. de Lamarck. La première et la plus importante, partagée au reste par Bruguières dans la description manuscrite que nous avons sous les yeux, est d'avoir dit que l'ovaire est supérieur : l'analogie indiquait le contraire, et nous nous sommes assurés en effet, par une dissection soignée de la plante sèche, que cet organe est intimement soudé au périgone. La seconde est d'avoir assigné pour caractère à ce genre le stigmate simplement échancré, tandis qu'il est réellement divisé en trois lobes peu distincts. Le caractère qu'il a assigné à son genre ne peut donc pas être conservé ; mais il ne s'ensuit pas qu'il faille, à l'exemple de M. de Lamarck, rejeter le genre lui-même et réunir la plante aux Ixias. Elle diffère de ces dernières par son port, par son périgone tubuleux et velu, à segments redressés, par ses fleurs entourées d'écailles embriquées sur deux rangs, par ses capsules dures et ligneuses. Aussi la plupart des botanistes modernes ont-ils adoptés le genre Witsenia : seulement ils ne se sont accordés ni dans les caractères qu'ils lui ont assignés, ni dans les espèces qu'ils y ont rapportées. N'ayant pas eu occasion d'examiner nous-mêmes la plupart de ces dernières, nous n'entreprendrons pas de discuter ici la valeur de ces caractères, laissant pour le moment ce travail à ceux qui seront plus à portée que nous de le faire.

EXPLICATION DE LA PLANCHE.

La Plante de grandeur naturelle.

1. Le périgone fendu et étalé.
2. Le style.

Witsenia Maura *Witsenia Maure*

GALAXIA OVATA.

Fam. des Iris. *Juss.* — Monadelphie triandrie. *Lin.*

Galaxia ovata. G. foliis ovatis, corollis rectis.

Galaxia ovata. G. foliis ovatis margine cartilagineis glabris. *Pers. ench.* 1. *p.* 41.

Galaxia ovata. G. subacaulis, foliis oblongis, spathâ univalvi uniflorâ. *Willd. sp. pl.* 1. *p.* 583.

Galaxia ovata. G. foliis ovatis. *Thunb. prodr.* 10. *Nov. gen. p.* 50. *tab.* 3. *Jacq. coll. p.* 137. *Ic. rar.* 2. *t.* 291. *Cavan. diss.* 6. *p.* 341. *tab.* 189. *f.* 2. *Lam. dict.* 2. *p.* 591.

Ixia Galaxia. I. monadelpha, spathâ radicali, foliis ovatis planis nervosis. *Lin. suppl.* 93.

GALAXIA A FEUILLES OVALES.

Cette petite plante sort d'une bulbe ovale-oblongue, grosse comme une petite noisette, couverte de deux ou trois plants d'une tunique brune épaisse, composée de fibres longitudinales très-fortes, que réunissent d'autres fibres transversales plus fines, de manière à former avec elles un réseau à jour très-régulier. La base de cette bulbe émet un grand nombre de fibrilles rameuses et flexueuses. De son sommet naît une tige toujours très-courte, le plus souvent enfouie en totalité dans la terre, et couverte par des gaînes membraneuses, dont l'intérieure, plus longue que les autres, se prolonge en une feuille radicale plus ou moins développée. Cette tige porte à son extrémité deux feuilles opposées, ovales-oblongues, longues d'environ vingt-cinq millimètres, un peu obtuses, cartilagineuses sur les bords, qui sont tantôt parfaitement entiers, tantôt finement dentés et ciliés. Chacune d'elles embrasse à sa base un faisceau de feuilles pareilles, mais plus petites, au milieu duquel naissent les fleurs. Celles-ci sont le plus souvent solitaires dans chaque fascicule, droites, sessiles et entourées par une bractée ou spathe univalve, membraneuse, blanchâtre, ovale et rétrécie en pointe au sommet.

Le périgone est en forme d'entonnoir. Son tube est cylindrique, droit, grêle, long de quinze à ving-cinq centimètres, jaune à sa partie supérieure. Son limbe, le plus souvent jaune, mais quelquefois pourpre ou violet, est divisé en six segments ovales-oblongs, un peu élargis au sommet, très-étalés, toujours jaunes à la base, suivant l'observation de Jacquin.

Les filaments des étamines, au nombre de trois soudés ensemble par leur base, et libres au sommet, sont insérés à l'entrée du tube du périgone, au-dessus de laquelle ils s'élèvent un peu. Les anthères sont jaunes, oblongues, droites, fendues à la base.

L'ovaire est ovale, soudé avec le périgone. Le style est filiforme, droit, terminé par un stigmate jaune, et divisé en trois lanières frangées.

HISTOIRE.

La Galaxia à feuilles ovales, ainsi que les autres espèces connues de ce genre, croît au Cap de Bonne-Espérance, où elle a été découverte par les voyageurs Sparmann et Thunberg. Suivant ce dernier auteur, ses fleurs se ferment à quatre heures du soir, et se roulent sur elles-mêmes en se fanant. On l'a introduite dans quelques jardins de l'Europe ; mais elle est encore fort peu répandue. Nous la décrivons d'après des échantillons desséchés, recueillis au Cap par Bruguières, et conservés, ainsi qu'une description manuscrite du même naturaliste dans l'herbier de M. Decandolle.

OBSERVATIONS.

Il ne faut pas confondre notre plante avec celle qu'Andrews a figurée sous le même nom dans le *Botanical repository*, et que M. Persoon a considéré avec raison comme une espèce distincte, à laquelle il a assigné le nom de *Galaxia ciliata*. Elle en diffère en effet par son port et par ses fleurs, dont le tube est constamment droit. Mais il est à remarquer que le caractère assigné par ce dernier auteur pour la *Galaxia ovata* est inexact, en ce qu'il indique les feuilles comme parfaitement glabres, tandis qu'elles sont souvent sur les bords ciliées.

EXPLICATION DE LA PLANCHE.

La Plante entière de grandeur naturelle.

1. Le périgone fendu dans sa longueur, et étalé.
2. Le style.

Galaxia Ovata

Galaxia à feuilles ovales

HERITIERA TINCTORUM.

Fam. des Iris. *Juss.*—Triandrie monogynie. *Lin.*

Heritiera tinctorum. H. foliis ensiformibus, scapo supernè villoso, floribus spicatis secundis bracteatis, spicis aggregato-corymbosis. *Bosc. bullet. de la soc. philom. n. 19. p. 145.*

Heritiera tinctorum. *Gmel. syst. nat. vol. 2. p. 113.*

Heritiera Gmelini. H. foliis angusto-irideis, acutis erectis paniculâ subcorymbiformi confertim fasciculosâ, floribus tomentosis. *Mich. fl. Bor. Amer. 1. p. 21. t. 4.*

Dilatris heritiera. D. foliis angustis irideis erectis, paniculâ subcorymbosâ, petalis tribus linearibus, tribus alternis interioribus lanceolatis. *Pers. ench. 1. p. 54.*

Anonymos tinctori. *Walt. fl. Carol. p. 68.*

HERITIERA DES TEINTURIERS.

DESCRIPTION.

Une racine fibreuse, vivace, d'un rouge de vermillon, donne naissance à une tige cylindrique, feuillée, haute de trois à six décimètres, grosse comme un tuyau de plume à écrire, glabre dans sa partie inférieure, velue dans la supérieure. Autour de cette tige s'élèvent six ou huit feuilles radicales engaînées à la base, comprimées en forme de glaive, linéaires, aiguës, glabres, longues de trois à quatre décimètres, larges de six à huit millimètres. Quelques feuilles pareilles, mais plus courtes, naissent de la tige elle-même. Les plus élevées sont un peu velues.

Les fleurs, supportées par des pédoncules courts, rameux et velus, forment au sommet de la tige une corymbe assez serrée. Elles sont accompagnées par des bractées lancéolées de la même longueur qu'elles, un peu foliacées et velues.

Le périgone est un peu tubuleux, long de dix à douze millimètres, couvert extérieurement d'un duvet laineux blanchâtre, glabre et de couleur orangée à l'intérieur, divisé assez profondément en six lanières, dont trois extérieures, linéaires et plus petites, se roulent en dehors en se desséchant avant l'entier épanouissement de la fleur; trois intérieures lancéolées ne font que s'étaler un peu au sommet, et acquièrent un développement plus considérable.

Les étamines sont au nombre de trois, un peu plus longues que le périgone, à la base duquel elles sont insérées. Leurs filaments sont capillaires et supportent des anthères oblongues, rétrécies en pointe au sommet, vacillantes et de couleur jaune.

L'ovaire est arrondi et recouvert du même duvet que le périgone, auquel il est soudé, mais qui ne paraît pas changer de nature en cet endroit. Il supporte un style filiforme presque aussi long que les étamines, incliné de manière à faire avec l'axe de la fleur un angle très-ouvert, et terminé par un stigmate à trois lobes très-peu prononcés.

Le fruit est une capsule triangulaire à trois loges, couronnée par le périgone,
qui est persistant. Chaque loge renferme un petit nombre de graines orbicu-
laires aplaties.

HISTOIRE.

L'Heritiera des teinturiers croît dans les parties méridionales de la Caroline,
de la Géorgie et de la Floride. Elle fleurit en juin. Ses racines et ses semences
donnent par la simple infusion une couleur rouge analogue à celle de la Ga-
rance, mais peu solide et peu usitée.

Cette plante a été dédiée par Gmelin au célèbre et infortuné L'Héritier,
qu'une mort prématurée et tragique a ravi depuis à ses amis et à une science
qu'il cultivait avec tant de succès. Qu'il nous soit permis de saisir cette occasion pour exprimer notre reconnaissance envers ce savant distingué, qui, guidant
et encourageant l'un de nous dans l'étude des sciences naturelles, et dirigeant
les premiers essais de son pinceau, lui a mérité l'approbation des botanistes,
et procuré les suffrages dont le public a bien voulu l'honorer.

OBSERVATIONS.

Le genre Heritiera, fondé, ainsi que je viens de le dire, par Gmelin, n'a
pas été généralement admis, faute d'avoir été suffisamment caractérisé. Il ne
peut cependant être réuni avec fondement à aucun de ceux de la même
famille. Il se rapproche, il est vrai, des *Dilatris* et de l'*Argolasia*; mais il diffère
des unes et de l'autre par son périgone, dont les segments sont inégaux et disposés sur deux plans. Il diffère en outre des premières par sa capsule, dont le
réceptacle est soudé aux cloisons qui naissent de la face interne des valves, et
par l'absence des rudiments d'étamines plus nombreuses; de la dernière, par
ses étamines, qui sont au nombre de trois seulement. Il ne peut être confondu
avec les Iridées, proprement dites, dont il s'éloigne par son stigmate presque
simple, et ses anthères qui s'ouvrent en dedans. Il s'écarte des *Wachendorfes*
et des *Xiphidiums* par son ovaire soudé au périgone. On ne peut donc que le
considérer comme un genre distinct, dont il faudra seulement changer le nom,
celui d'*Heritiera* ayant été déjà appliqué par Aiton à une plante d'un ordre très-
différent. Sa place, dans l'ordre naturel, est entre les Iridées, proprement dites,
et cette petite famille anomale qui renferme les *Xiphidiums*, les *Wachendorfes*,
les *Dilatris* et l'*Argolasia*.

EXPLICATION DE LA PLANCHE.

La Plante entière de grandeur naturelle.

1. Une fleur un peu grossie, vue de face.
2. Une des divisions intérieures du périgone avec l'étamine qu'elle supporte.
3. Une des divisions extérieures du périgone.
4. Une fleur épanouie, vue de côté.
5. L'ovaire et le style.
6. La capsule ouverte.

Hœritiera Tinctorum. *Hœritiera des Teinturiers.*

P.J. Redouté pinx.

de Cauy sculp.

PLEEA TENUIFOLIA.

Pleea tenuifolia. P. glaberrima, foliis augustissimè ensiformibus, sensim acu-
tissimis. *Mich. fl. Bor. Amer.* 248.

Pleea tenuifolia. P. foliis ensiformibus attenuatis longissimis. *Pers. enchir.* 1.
p. 451.

PLEEA A FEUILLES MENUES.

DESCRIPTION.

La racine de cette jolie plante est fibreuse, persistante. Elle donne naissance
à une ou plusieurs tiges droites, hautes de quatre ou cinq décimètres, simples,
grêles, un peu feuillées, glabres et de couleur grisâtre.

Les feuilles radicales sont nombreuses, disposées en faisceau, comprimées
en forme de glaive, très-grêles, hautes de deux décimètres environ, à peine
larges de deux ou trois millimètres, rétrécies vers leur extrémité en pointe fine,
glabres et d'un vert tirant sur le gris. Les feuilles caulinaires, au nombre de
trois ou quatre, sont plus courtes. Leur partie inférieure est membraneuse sur
les bords, et roulée autour de la tige en manière de gaîne. Leur partie supérieure est en forme d'alène, un peu comprimée sur les côtés. Cette dernière
partie sort du dos de la première, un peu au-dessous de son sommet, de la
même manière que les arètes sortent des glumes dans les plantes du genre
Bromus.

Les fleurs sont disposées en grappe au sommet de la tige. Elles sont assez
grandes, peu nombreuses, supportées par des pédoncules longs de deux centimètres environ, exactement appliqués contre la tige, et renfermés avec elle
dans une gaîne formée par une bractée semblable aux feuilles caulinaires, mais
plus courte. Chacun de ces pédoncules porte un peu au-dessous de son sommet
une petite bractée membraneuse et lancéolée.

Le périgone est d'un jaune roux en forme de roue, divisé jusqu'à sa base en
six segments lancéolés-linéaires, aigus au sommet, presque égaux entre eux,
et longs de huit à dix millimètres. Il persiste jusqu'à la maturité du fruit, qu'il
enveloppe.

Les étamines sont au nombre de neuf, un peu plus courtes que le périgone,
à la base duquel elles sont insérées. Leurs filaments sont en forme de soies surmontés par des anthères vacillantes, oblongues, à deux loges, qui s'ouvrent par
les côtés en s'étalant beaucoup.

L'ovaire est libre, oblong, triangulaire. Il supporte trois styles courts, filiformes, terminés par des stigmates simples. Il se transforme en une capsule à

trois coques, qui se séparent lors de la maturité, et s'ouvrent par leur angle
interne. Chaque coque est formée d'une seule valve. Les graines sont nombreuses, oblongues, arquées, fixées à l'angle interne des loges par un petit
cordon qui, se prolongeant sur leur bord concave, vient former à leur extrémité
opposée une sorte d'arète capillaire et contournée.

HISTOIRE.

La Pleea croît dans les lieux humides et découverts des forêts de la Caroline
méridionale. Elle n'a pas encore été introduite dans les jardins de l'Europe.

OBSERVATIONS.

Ce genre établi par Michaux a, ainsi qu'il le remarque lui-même, les plus
grands rapports avec les *Toffieldas* ou *Nartheciums*. Il en diffère par ses étamines,
qui sont au nombre de neuf, et par ses graines pédicellées, mais présente d'ailleurs la même conformation dans toutes les parties de la fructification.

EXPLICATION DE LA PLANCHE.

La Plante entière de grandeur naturelle.

1. La capsule dans l'état de maturité.
2. Graines.
3. Une fleur séparée et étalée.

Pleea tenuifolia.   *Pleea à feuilles menues.*

MELANTHIUM GRAMINEUM.

Fam. des Joncs. *Juss.* — Hexandrie trigynie. *Lin.*

Melanthium gramineum. M. acaule foliis imbricatis gramineis, floribus sessilibus. *Cav. ann. de cienc. nat. vol. 3. p.* 5o. *Icon. 6. p. 64. t.* 787. *f.* 1. *Pers.
enchir.* 1. *p.* 3g7.

MELANTHIUM A FEUILLES DE GRAMEN.

DESCRIPTION.

La bulbe de cette plante est ovale, oblongue, rétrécie vers son sommet, et
couverte d'écailles brunes et coriaces. Elle est rarement simple, mais émet pour
l'ordinaire, de sa base ou de son côté, une ou deux bulbes pareilles qui la font
paraître rameuse. De sa base naissent des fibrilles radicales, blanches, filiformes. Elle émet à son sommet deux ou trois tiges, longues de trois ou quatre
centimètres, enfouies dans la terre et enveloppées dans toute leur longueur
par des gaînes membraneuses. Ces tiges sont très-grêles inférieurement, mais
augmentent de grosseur vers leur partie supérieure. Elles sont accompagnées
par un petit nombre de feuilles radicales, linéaires, étroites, parfaitement
glabres et entières, longues d'un décimètre environ, et donnent naissance, par
leur extrémité, à un faisceau de feuilles pareilles, mais un peu plus larges,
embriquées à leur base et formant une sorte de collerette.

C'est au milieu de ces dernières feuilles que naissent les fleurs. Elles sont
sessiles, de couleur blanche, tirant un peu sur le jaune, réunies au nombre
de deux ou trois sur chaque tige.

Le périgone est divisé jusqu'à sa base en six segments demi-étalés, lancéolés-
linéaires, aigus, rétrécis inférieurement en une sorte d'onglet, longs de trois
centimètres environ, marqués dans leur longueur de nervures longitudinales
égales entre elles.

Les étamines, au nombre de six, sont insérées aux segments du périgone,
un peu au-dessus de leur tiers inférieur. Leurs filaments sont en forme de soies,
longs de six à huit millimètres. Les anthères sont ovales, arrondies, à deux loges,
s'ouvrant latéralement.

L'ovaire est libre, ovale, pointu, surmonté par trois styles filiformes, grêles,
qui s'élèvent à la même hauteur que les étamines, et qui sont terminés par des
stigmates simples. Nous n'avons pas vu le fruit.

HISTOIRE.

L'on doit la première connaissance du Melanthium à feuilles de Gramen à Cavanilles, qui l'a décrit d'après un échantillon recueilli par Broussonet auprès de Mogador. Nous nous sommes servis pour notre propre description d'un échantillon recueilli par le même naturaliste, et conservé dans l'herbier de M. Decandolle.

EXPLICATION DE LA PLANCHE.

La Plante entière de grandeur naturelle.

1. Une fleur ouverte et étalée.
2. Une étamine.
3. L'ovaire et les styles.

Melanthium Gramineum

Melanthium à feuilles de Gramen

P. J. Redouté pinx.

Chapuy sculp.

SISYRINCHIUM COLLINUM.

FAM. des IRIS. *JUSS.* — GYNANDRIE, ou MONADELPHIE TRIANDRIE. *LIN.*

Sisyrinchium collinum. S. scapo tereti subramoso folio caulino lineari-acumi-
nato breviore, petalis oblongis acutis. *Willd.* 3. 578.

Sisyrinchium collinum. S. scapo tereti, folio dependente, laciniis corollæ
subæqualibus. *Cavan. diss.* 6. *p.* 346.

Moræa collina. *Thunb. diss. de Moræâ*, *p.* 11. *n.* 13.

Moræa collina. M. scapo tereti ramoso, folio unico lineari-ensiformi scapum
superante, stigmatibus bilabiatis. *Jacq. ic. rar.* 2. *t.* 226.

SISYRINCHE DES COLLINES.

La racine de cette plante est une sorte de bulbe arrondie, noirâtre, dont les
écailles sont dures, épaisses, demi-ligneuses, soudées ensemble par leurs bords,
disposées sur deux ou trois plans, percées d'un grand nombre d'ouvertures
allongées, au travers desquelles sortent les fibres radicales. Celles-ci naissent
du lieu de jonction de la tige avec un tubercule sphérique, qui a quelque
analogie avec ceux des Orchis, et qui est situé au milieu des écailles. Cette
singulière racine émet par son sommet une tige haute de trois ou quatre décimètres, cylindrique, striée, droite dans le bas, un peu coudée dans sa partie
moyenne, simple, ou un peu rameuse, parfaitement glabre, ainsi que tout le
reste de la plante, couverte inférieurement par des gaînes membraneuses. Elle
n'est accompagnée d'aucune feuille radicale. Vers sa partie moyenne, elle porte
une feuille linéaire, pointue, longue de quatre à cinq décimètres, creusée en
gouttière et engaînée à sa base, mais nullement comprimée en forme de
glaive. Elle donne ensuite naissance à trois ou quatre feuilles beaucoup plus
courtes, situées à l'origine des rameaux, qu'elles embrassent en manière de
spathe. Ceux-ci sont simples, peu nombreux, et portent à leur extrémité une
fleur solitaire, dont le pédoncule est enveloppé par une spathe à deux valves,
lancéolées, foliacées, pointues et presque égales entre elles.

Le périgone, dont la couleur est tantôt jaune, tantôt rosâtre, est divisé jusqu'à sa base en six segments étalés, ovales-oblongs, longs de quatre centimètres
environ, rétrécis à la base, obtus au sommet, marqués dans toute leur longueur
d'une nervure moyenne noirâtre.

Les étamines, au nombre de trois, n'atteignent pas la moitié de la longueur
des segments du périgone. Leurs filaments sont soudés ensemble dans presque
toute leur longueur, de manière à former un tube qui enveloppe le style.
Les anthères sont oblongues, redressées, assez volumineuses.

250

L'ovaire est soudé au périgone. Il est allongé, presque cylindrique, relevé dans sa longueur de six arêtes un peu proéminentes. Le style est égal en longueur aux étamines. Les stigmates, que nous n'avons pas bien pu examiner, à cause de l'état de dessiccation des échantillons qui ont servi à notre description, sont, suivant Thunberg, un peu renflés au sommet, triangulaires, partagés en deux lèvres, dont l'extérieure est obtuse, échancrée, et l'intérieure est divisée, en deux lanières, courtes, aiguës et recourbées.

HISTOIRE.

Le Sisyrinche des collines est originaire du Cap de Bonne-Espérance. Il a été cultivé dans quelques jardins de l'Europe, mais ne paraît pas avoir encore été introduit dans ceux de France.

EXPLICATION DE LA PLANCHE.

La Plante entière de grandeur naturelle.

1. Une fleur ouverte.
2. L'ovaire et le style.

Sisyrinchium Collinum

Sisyrinche des Collines.

P. J. Redouté pinx.

Langlois sculp.

IXIA RECURVA.

Fam. des Iris. *Juss.*—Triandrie monogynie. *Lin.*

Ixia foliis gladiatis scapo ramoso acutè triquetro et in angulis duobus alâ fuscâ marginato multò longioribus, infimis recurvis, spathâ bivalvi.

IXIA A FEUILLES RECOURBÉES.

DESCRIPTION.

Cette plante appartient à la section du genre Ixia, qui est caractérisée par les étamines, dont les filaments sont pubescents ou velus, et par les stigmates divisés en deux lanières, section très-naturelle, dont M. Gawler a fait un genre distinct sous le nom de *Trichonema*. C'est probablement une des espèces que Thunberg a regardées comme des variétés de l'Ixia bulbocode, mais on ne peut la rapporter à aucune de celles dont les auteurs plus récents ont donné la description. Sa bulbe est couverte d'une tunique brune, d'apparence cornée, très-lisse, presque entière. Ses feuilles, les unes radicales, les autres caulinaires, sont courbées en gouttière à leur base, et comprimées en forme de glaive dans leur partie supérieure. L'inférieure, ou les deux inférieures, sont fortement arquées sur le dos, et deux ou trois fois plus longues que la tige. Les supérieures sont droites et plus courtes. Sa tige, dont la hauteur varie de deux à huit centimètres, envoie inférieurement quelques rameaux ou pédoncules alternes, simples ou réunis deux à deux, au-dessus desquels elle est nue, triangulaire et munie sur deux de ses angles d'un rebord membraneux, brun, étroit et finement dentelé. Les rameaux, qui sont en général très-courts, et qu'on peut regarder comme de simples pédoncules, sont également nus et triangulaires. Les fleurs sont terminales, solitaires, assez grandes, d'un jaune verdâtre, entourées par une spathe à deux valves presque opposées, lancéolées, concaves, un peu obtuses, dont la supérieure est membraneuse sur les bords, et marquée de stries ou ponctuations brunes et nombreuses. Les segments du périgone sont lancéolés, pointus, peu étalés, et deux fois plus longs que les étamines. Celles-ci ont leurs filaments velus à la base. Les anthères sont très-grandes. L'ovaire est ovoïde, un peu anguleux. Il supporte un style un peu plus court que les étamines, terminé par trois stigmates, divisés chacun en deux lanières filiformes fort courtes. Nous n'avons pas vu le fruit.

HISTOIRE.

L'Ixia à feuilles recourbées est indigène du Cap de Bonne-Espérance. Nous la décrivons d'après des échantillons desséchés, conservés dans les herbiers de MM. Decandolle et Delessert.

IXIA FILIFOLIA.

Ixia filifolia. I. foliis filiformibus rectis, scapo tenui subramoso, paulo longio-
ribus; utrâque spathæ valvâ foliaceâ, floribus solitariis terminalibus.
Var. **A.** floribus luteis.
Var. **B.** floribus rubris.

IXIA A FEUILLES FILIFORMES.

DESCRIPTION.

Cette jolie espèce d'Ixia appartient à la même section que la précédente.
Elle se rapproche beaucoup de l'*Ixia rosea*, et n'en est peut-être qu'une variété.
Cependant, comme elle en diffère par son port, par ses feuilles plus menues,
et surtout plus courtes, ainsi que par ses spathes, dont la valve interne est
presque entièrement foliacée; nous croyons qu'on peut la regarder comme une
espèce distincte, jusqu'à ce que de nouvelles observations aient fait connaître
si les caractères que nous venons d'observer sont constants ou non.

La bulbe qui lui donne naissance est arrondie, couverte d'une tunique bruné
un peu moins ferme que dans l'espèce précédente, ouverte dans le bas, et rem-
placée en ce lieu par un disque de la même substance, autour duquel sortent
les fibrilles radicales. La tige est haute de six ou huit centimètres, grêle, demi-
cylindrique, striée, feuillée dans le bas: quelquefois elle est simple; d'autres fois
elle émet un ou plusieurs rameaux simples et nus. Les feuilles, les unes radicales, les autres caulinaires, sont filiformes, très-déliées, droites et aiguës; elles
dépassent un peu le sommet de la tige. Les fleurs sont terminales, solitaires,
grandes, tantôt d'un jaune vif, tantôt d'une couleur rougeâtre. Elles sont entourées d'une spathe, dont les valves, toutes les deux foliacées, lancéolées, concaves et aiguës, n'atteignent pas la moitié de leur longueur. Les segments
du périgone sont peu étalés, lancéolés, aigus et rétrécis inférieurement en un
onglet étroit. Le tube est très-court. Les filaments des étamines sont capillaires, velus à la base, plus longs que les anthères, qui sont grêles et linéaires.
L'ovaire est ovoïde, surmonté par un style filiforme qui dépasse un peu les
étamines. Les stigmates sont arqués en dehors et partagés en deux lanières
filiformes.

HISTOIRE.

Cette plante croît dans les mêmes lieux que la précédente, et c'est également
d'après des échantillons desséchés que nous la décrivons.

1. *Ixia Recurva*   *Ixia à feuilles recourbées*

2. *Ixia Filifolia*   *Ixia à feuilles filiformes*

ALLIUM PANICULATUM.

Fam. des Asphodèles. *Juss.*—Hexandrie monogynie. *Lin.*

Allium paniculatum. A. caule subteretifolio, umbellifero, pedunculis capillaceis effusis, staminibus simplicibus, spathâ longissimâ. *Lin. sp. pl. p.* 428.
Scop. fl. Carn. éd. 2. *n.* 398. *Hoffm. Germ.* 116. *Willd. sp. pl.* 2. *p.* 72. *Pers.*
enchir. 1. *p.* 456.

Allium radice duplici, foliis succulentis, spathâ bicorni, umbellæ radiis pendulis. *Hall. Helv. n.* 1225.

Allium foliis teretibus, vaginâ bicorni, umbellâ pendulâ suavè purpureâ. *Hall.*
opusc. 386. *n.* 25. cum icone.

Allium montanum bicorne, floribus triquetris purpureis, pedunculis longis et
reflexis. *Seg. Veron.* 2. *p.* 70.

AIL EN PANICULE.

DESCRIPTION.

Cet Ail a beaucoup de rapport avec quelques espèces du même genre, et
en particulier avec l'Ail jaune et l'Ail pâle. Il diffère de l'un et de l'autre par
ses fleurs d'un rouge violet. Il diffère en outre du premier par ses feuilles roulées en canal et marquées de côtes longitudinales; du second, par la longueur
plus grande de ses étamines et de son style, et par les dentelures plus marquées
des côtes de ses feuilles.

La bulbe qui lui donne naissance est ovale-oblongue, rétrécie en pointe
vers son sommet, couverte d'écailles un peu rougeâtres. Sa tige est haute
de deux ou trois décimètres, droite, simple, grêle, cylindrique, chargée de
deux ou trois feuilles grêles, filiformes. Les feuilles, qui se dessèchent avant
l'entier épanouissement des fleurs, sont roulées sur leurs bords en forme de
gouttière, et relevées sur le dos dans toute leur longueur de trois côtes très-saillantes, dont le bord est, ainsi que ceux de la feuille, hérissé de dentelures fines
et roides, qui les rendent rudes au toucher.

Les fleurs sont de grandeur médiocre, d'un rouge violet, assez nombreuses,
disposées en ombelle terminale, dépourvue de bulbes. Les pédicelles qui les
supportent sont capillaires, longs d'un à trois centimètres; ceux du milieu sont
droits; les extérieurs sont recourbés, et pendants. La spathe est formée de deux
valves inégales, membraneuses, concaves et lancéolées à la base, rétrécies au
sommet en une pointe, dont la longueur très-variable dépasse presque toujours
de beaucoup celle des pédicelles.

252

Les segments du périgone sont ovales-oblongs, très-obtus, concaves, marqués d'une nervure longitudinale peu saillante et plus foncée que le reste.

Les filaments des étamines sont simples, en forme de soies, de couleur violette, plus longs que les segments du périgone, à la base desquels ils sont insérés. Ils supportent des anthères ovales-arrondies. L'ovaire est ovoïde, à trois angles, marqué d'un sillon profond sur chaque face. Il est surmonté par un style filiforme plus long que lui, et dépassant un peu les étamines. Le stigmate est simple. Nous n'avons pas vu le fruit.

HISTOIRE.

L'Ail en panicule croît en Suisse, en Italie, en Allemagne, en Sibérie, et probablement dans les parties orientales de la France. Mais la plante à laquelle la plupart des botanistes français ont appliqué ce nom nous paraît plutôt appartenir à l'Ail pâle, qui, au reste, n'est peut-être qu'une simple variété de l'espèce que nous venons de décrire.

Allium Paniculatum.   *Ail en Panicule.*

P. J. Redouté pinx.   Bessin sculp.

ORNITHOGALUM NUTANS.

Fam. des Asphodèles. *Juss.* — Hexandrie monogynie. *Lin.*

Ornithogalum nutans. O. floribus secundis pendulis, nectario stamineo cam-
paniformi. *Lin. sp. pl.* 44. *Mill. dict. n.* 4. *Jacq. Austr. t.* 301. *Roth. Germ.* 1. 151.
2. 395. *Willd. sp. pl.* 2. *p.* 125. *Lam. dict.* 4. *p.* 617. *Curt. bot. mag.* 269. *Fl. Fr.
éd.* 3. 1949. *Pers. enchir.* 1. *p.* 365.

Ornithogalum floribus secundis pendulis, filamentis latis emarginatis. *Hort.
Cliff.* 124. *Hort. Ups.* 84. *Roy. Lugd-b.* 32.

Ornithogalum floribus spicatis, senescentibus pendulis, filamentis staminum
alternis, majoribus bicornibus. *Hall. Helv.* 1216.

Ornithogalum exoticum, magno flore minori innato. *Bauh. pin.* 70. *Rudb. elys.*
1. *p.* 137. *f.* 12 *Tournef. inst.* 379.

Ornithogalum neupolitanum. *Clus. app. alt. J. Bauh. hist.* 2. 631.

ORNITHOGALE PENCHÉ.

DESCRIPTION.

Une bulbe grêle et conique donne naissance à un faisceau de feuilles radicales, linéaires, courbées en gouttière, striées longitudinalement, glabres,
aiguës et égales en hauteur à la hampe. Celle-ci est nue, droite, cylindrique,
d'un vert clair, haute de trois à quatre décimètres. Elle est terminée par une
grappe de six à douze fleurs verdâtres, dirigées d'un même côté, d'abord étalées, puis pendantes. Les pédicelles qui les supportent sont épais, arqués, longs
d'un à deux centimètres, munis à leur base d'une bractée membraneuse, lancéolée, aiguë, deux fois plus longue qu'eux.

Le périgone est divisé jusqu'à sa base en six segments égaux, lancéolés,
demi-étalés, rétrécis en pointe au sommet, verts dans le milieu, blancs sur
les bords.

Les filaments des étamines sont membraneux, fort larges, inégaux. Trois
d'entre eux plus courts présentent à leur sommet une échancrure peu profonde, du milieu de laquelle naît un filament très-court, en forme d'alène,
qui supporte une anthère jaune, oblongue et linéaire. Les trois autres sont
beaucoup plus profondément échancrées, de manière à former deux cornes,
dont la longueur atteint celle de l'anthère située au milieu d'elles.

L'ovaire est libre, ovoïde, marqué de six sillons. Le style est filiforme, blanc,
strié longitudinalement, un peu plus long que les étamines, et terminé par un
stigmate simple.

253

Le fruit est une capsule de la même forme que l'ovaire, à trois valves, à trois loges, dont chacune renferme des graines nombreuses disposées sur deux rangs.

HISTOIRE.

L'Ornithogale à fleurs penchées croît dans les prairies de la France, de l'Italie, de la Suisse et de l'Allemagne. Il est peu répandu, et particulier à certains cantons. Ce sont des échantillons cultivés dans le jardin de M. Vilmorin qui ont servi à la figure ci-jointe, et à notre description. Il fleurit au printemps.

EXPLICATION DE LA PLANCHE.

La Plante entière de grandeur naturelle.

1. Une fleur isolée et ouverte.
2. Les étamines.
3. L'ovaire et le style.
4. La capsule.

Ornithogalum Nutans.   *Ornithogale Penché.*

SCILLA BIFOLIA.

Fam. des Asphodèles. *Juss.*—Hexandrie monogynie. *Lin.*

Scilla bifolia. S. floribus racemosis, foliis lanceolato-linearibus subbinis in
scapo elevatis. *Ait. Kew.* 1. *p.* 444. *Willd. spec. pl.* 2. *p.* 128. *Poiret in Lam.
dict.* 6. *p.* 743. *Pers. enchir.* 1. *p.* 266.

Scilla bifolia. S. radice solida, floribus erectiusculis paucioribus. *Hort. Cliff.*
123. *Roy. Lugd-b.* 33. *Sauv. Monsp.* 18. *Lin. sp. pl.* 443. *Mill. dict. n.* 6. *Jacq.
Austr.* 2. *p.* 11. *t.* 117. *Engl. bot. t.* 24. *Gawl. in Curt. bot. mag.* 746. *Fl. Fr.
édit.* 3. 1936.

Scilla radice solidâ, floribus corymboso-racemosis ebracteatis erectiusculis,
foliis lanceolatis binis. *Smith. fl. Brit.* 1. *p.* 365.

Ornithogalum bifolium. *Lam. fl. Franç.* 3. *p.* 274.

Anthericum bifolium. *Scop. Carn. n.* 414.

Phalangium radice bulbosâ, foliis latissimis, obtusis, spicâ pauciflorâ, stipulis
minimis. *Hall. Helv. n.* 1211.

Ornithogalum bifolium Germanicum cæruleum. *Tournef. inst.* 380.

Hyacinthus stellatus bifolius Germanicus. *Bauh. pin.* 45. *Moris. hist.* 2. *s.* 4.
tab. 12. *f.* 15. *Rudb. élys. vol.* 2. 33. *fig.* 1. *è Smith.*

Hyacinthus stellatus bifolius vernus dumetorum flore cæruleo. *J. Bauh. hist.* 2.
p. 579.

Hyacinthus stellatus vulgaris. *Clus. hist.* 1. *p.* 184.

Hyacinthus cæruleus mas minor. *Fuchs. hist.* 837.

SCILLE A DEUX FEUILLES.

DESCRIPTION.

Une bulbe ovale, brune, de la grosseur d'une noisette, formée d'écailles
serrées les unes contre les autres, et munie à sa base de fibrilles radicales
blanches assez courtes, donne naissance à une hampe cylindrique, haute
de un à deux décimètres, enveloppée dans la plus grande partie de sa longueur
par les feuilles. Celles-ci sont le plus souvent au nombre de deux, opposées,
parfaitement glabres, égales en longueur à la hampe, que leur moitié inférieure,
roulée sur les bords en forme de gaîne, embrasse exactement. Leur moitié
supérieure est étalée, linéaire-lancéolée, entière sur les bords, courbée en
gouttière, un peu obtuse et renflée au sommet.

Les fleurs sont bleues dans toutes leurs parties, peu nombreuses, disposées en grappe terminale régulière. Les pédicelles qui les supportent sont droits, dépourvus de bractées, le plus souvent violâtres, et d'autant plus longs, qu'ils naissent plus bas ; ce qui met les fleurs inférieures presque au niveau des supérieures.

Le périgone est divisé jusqu'à sa base en six segments lancéolés, un peu obtus et étalés.

Les filaments des étamines sont en forme d'alène, épais, de moitié plus courts que les segments du périgone. Les anthères sont oblongues, vacillantes, d'un bleu noirâtre et pleines d'un pollen jaune.

L'ovaire est ovale-arrondi, libre ; il porte un style filiforme, épais, égal en longueur aux étamines, et terminé par un stigmate simple.

Nous n'avons pas vu le fruit.

HISTOIRE.

La Scille à deux feuilles est assez commune dans les bois montueux de la plus grande partie de l'Europe.

Elle fleurit au premier printemps.

Elle peut, malgré sa petitesse, servir à l'ornement des parterres ; mais elle n'est cultivée que dans un petit nombre de jardins.

Scilla Bifolia.   *Scille à deux feuilles.*

PHALANGIUM LILIASTRUM.

Fam. des Asphodèles. Juss.—Hexandrie monogynie. *Lin.*

Phalangium liliastrum. P. foliis planis, scapo simplicissimo, corollis campanulatis, staminibus declinatis. *Poiret in Lam. dict. 5. p. 245. Pers. enchir. 1.*
369.

Anthericum liliastrum. *Lin. spec. pl. 445. Willd. sp. pl. 2. 142.*

Hemerocallis liliastrum. H. scapo simplici, corollis hexapetalis campanulatis.
Hort. Cliff. 128. Mill. dict. n. 4. Sp. pl. 1. p. 324. All. Ped. 1858. Fl. Fr. éd. 3.
1921.

Ornithogalum liliforme. *Lam. fl. Fr. 3. p. 278.*

Hemerocallis lilio-asphodelus. *Scop. fl. Carn. 425.*

Hemerocallis floribus spicatis secundis. *Hall. Helv. n. 1230.*

Liliastrum Alpinum majus et minus. *Tourn. inst. 369. Scheuchz. it Alp. p. 42 et 514.*

Phalangium magno flore. *Bauh. pin. 29.*

Phalangium Allobrogicum majus. *Clus. app. alt.*

Phalangium Dalechampii. *Dalech. hist. 852.*

PHALANGÈRE LIS SAINT-BRUNO.

DESCRIPTION.

Cette belle plante tient le milieu entre les Phalangères, dont elle se rapproche par la profondeur des divisions du périgone et les Hémérocalles, auxquelles elle se rattache par la forme des fleurs et l'inclinaison des étamines.

La racine qui lui donne naissance est un faisceau de fibres blanches, charnues, cylindriques, médiocrement épaisses, presque simples. Elle porte une
hampe nue, haute de trois à quatre décimètres, simple, lisse, glabre et
cylindrique.

Les feuilles sont peu nombreuses, et atteignent la hauteur de la hampe.
Elles sont droites, linéaires, aiguës, très-étroites, courbées en gouttière et
parfaitement glabres.

Les fleurs, au nombre de cinq ou six dans certains individus, de dix à
douze dans d'autres, forment au haut de la hampe une grappe plus ou moins
allongée. Elles sont grandes, inodores, dirigées la plupart du même côté,
portées par des pédicelles simples et longs d'un centimètre environ. Chacune
d'elles est accompagnée d'une bractée lancéolée, concave, aiguë et membraneuse, dont la longueur est au moins double de celle du pédicelle.

Le périgone est blanc, en forme de cloche, un peu rétréci inférieurement, divisé jusqu'au pédicelle en six segments, longs de quatre à cinq centimètres, lancéolés, aigus, rétrécis et rapprochés à la base, demi-étalés dans leur partie moyenne, un peu recourbés en dedans à leur sommet. Chacun d'eux est marqué dans toute sa longueur de trois nervures saillantes très-simples.

Les étamines sont au nombre de six, déjetées vers la partie inférieure de la fleur, presque aussi longues que le périgone, à la base duquel elles sont insérées. Leurs filaments sont blancs, filiformes, glabres, très-fortement arqués. Les anthères sont oblongues, linéaires et vacillantes.

L'ovaire est libre, ovoïde, surmonté par un style filiforme, un peu plus long que les étamines, et déjeté du même côté. Le stigmate est en forme de tête.

HISTOIRE.

La Phalangère Lis Saint-Bruno croît naturellement dans les paturages des Alpes et des montagnes voisines. On l'a transportée dans les jardins, où elle demande une terre substantielle et une bonne exposition. Ses fleurs s'épanouissent dans les mois de mai et de juin, et se fanent promptement.

Phalangium Liliastrum.　　　　*Phalangère lis S.te Brune.*

P. J. Redouté pinx.　　　　Langlois sculp.

TOFIELDIA PALUSTRIS.

Fam. des Colchiacées. *Juss.*—Hexandrie trigynie. *Lin.*

Tofieldia palustris. T. scapo foliolo obtecto, petalis lineari-obovatis. *Pers. enchir.*
   1. p. 399.
Tofieldia palustris. *Huds. Angl.* 157. *Smith. fl. Brit.* 1. *p.* 397. *Engl. bot. t.* 536.
   Fl. Fr. éd. 3. 1894.
Anthericum calyculatum. A. foliis ensiformibus, perianthis trilobis, filamentis
   glabris, pistillis trigynis. *Fl. Suec.* 269-288. *It. Gotl.* 194-221. *Gmel. Sib.* 1.
   p. 73. *t.* 18. *f.* 2. *Lin. sp. pl.* 447. *Mill. dict. n.* 10. *Fl. Dan. t.* 36. *Ait. Kew.* 1. *p.* 450.
Anthericum pseudo-asphodelus. *Jacq. Vind.* 233.
Anthericum filamentis lævibus, periantho trifido. *Hort. Cliff.* 140.
Anthericum scapo nudo capitato, filamentis glabris. *Fl. Lap.* 137. *t.* 10. *f.* 3.
Narthecium calyculatum. *All. Ped.* 2. 165. *Lam. fl. Fr.* 3. 298. *dict.* 4. *p.* 431.
   illustr. t. 268.
Narthecium iridifolium. N. foliis ensiformibus compressis, racemo erecto,
   pedunculis brevissimis bracteolatis. *Vill. Delph.* 2. *p.* 225.
Narthecium. *Gerard. fl. Galloprov.* 142.
Helonias borealis. H. foliis lineari-ensiformibus nervosis, bracteis duplicatis
   membranaceis. *Willd. spec. pl.* 2. *p.* 274.
Helonias anthericoides. *Hop. pl. rar. cent.* 2.
Scheuchzeria pseudo-asphodelus. *Scop. Carn. n.* 445. *Roth. Germ.* 1. 159. 2. 419.
Heritiera anthericoides. *Schranck. Bav. n.* 580.
Anthericum filamentis glabris. *Hall. Helv. n.* 1205.
Phalangium Alpinum palustre, iridis folio. *Seg. Ver.* 2. *p.* 61. *t.* 14.
Pseudo-asphodelus alpinus. *Bauh. pin.* 29.

TOFIELDIE DES MARAIS.
DESCRIPTION.

Une souche ligneuse horizontale ou oblique, de laquelle sortent des fibres
radicales, nombreuses et presque simples, donne naissance à une ou plusieurs
tiges cylindriques, droites ou un peu flexueuses, hautes de un à trois décimètres. Des feuilles radicales assez nombreuses, disposées sur deux rangs
opposés, comprimées en forme de glaive, linéaires, longues de six à quinze
centimètres, entourent la base de ces tiges, qui portent elles-mêmes deux ou
trois feuilles pareilles, mais plus courtes.

Les fleurs, disposées en grappe terminale, étroite, plus ou moins longue et
serrée, sont petites, blanches, portées sur des pédicelles très-courts. Chacun
de ces pédicelles est accompagné à sa base d'une petite bractée membraneuse,
et porte immédiatement au-dessous de la fleur une sorte de calice ou collerette
extrêmement petite, formée d'une seule foliole à trois lobes peu distincts.

Le périgone est blanc, divisé profondément en six segments lancéolés, un peu aigus, concaves et étalés. Les filaments des étamines, au nombre de six, sont en forme d'alène, et presque aussi longs que les segments du périgone, à la base desquels ils sont insérés. Ils supportent des anthères ovales-arrondies. L'ovaire est libre, ovale-oblong, divisé à son sommet en trois pointes, terminées chacune par un style très-court et un stigmate simple. Il se transforme en une capsule à trois coques séparées au sommet, chacune desquelles est formée d'une seule valve, dont les bords, recourbés en dedans en manière de cloison, viennent se réunir dans l'axe du fruit. Les graines sont nombreuses, petites, brunes et oblongues.

HISTOIRE.

La Tofieldie des marais est assez commune dans les lieux tourbeux des Alpes, des Pyrénées, et de la plupart des montagnes de l'Europe et de la Sibérie, où elle forme des gazons serrés. La difficulté de sa culture fait qu'on ne la voit que rarement dans les jardins. Elle fleurit en été.

OBSERVATIONS.

Cette plante, réunie par Linné aux Anthérics, dont elle diffère par plusieurs caractères essentiels, en a été séparée avec raison par la plupart des auteurs modernes. Quelques-uns l'ont rapportée avec plus de fondement à d'autres genres plus connus, et particulièrement aux *Helonias*, dont elle se rapproche en effet par la structure de ses fleurs et de ses fruits, mais dont elle diffère par son port, par la présence d'une sorte de calice, et par le nombre plus considérable de ses graines : d'autres botanistes, au sentiment desquels nous croyons devoir nous ranger, en ont fait un genre à part auquel se rapportent quelques plantes de l'Amérique septentrionale, dont on doit la première connaissance au célèbre voyageur Michaux. Parmi les différents noms qu'on a assignés à ce genre, celui de *Tofieldia*, employé pour la première fois par Hudson, ayant l'avantage de n'avoir jamais été appliqué à aucune autre plante, doit être préféré.

Les Tofieldies doivent être séparées non-seulement des Anthérics, mais encore de la famille entière des Asphodèles. Elles appartiennent à la grande famille des Joncs de M. de Jussieu, et particulièrement à ce groupe bien caractérisé dont M. Decandolle a fait une petite famille à part, sous le nom de *Colchicacées*. Elles s'éloignent cependant de ces dernières par le port, et se rapprochent davantage à cet égard des *Alismacées*.

EXPLICATION DE LA PLANCHE.

La Plante entière de grandeur naturelle.

1. Une fleur isolée.
2. L'ovaire et les stigmates.
3. Graines.

Tofieldia Palustris.　　Tofieldie des Marais.

P. J. Redouté pinx.

Chapuy sculp.

FLAGELLARIA INDICA.

Fam. des Asperges. *Juss.*—Hexandrie trigynie. *Lin.*

Flagellaria indica. *Fl. Zeyl.* 133. *Amœn. Acad.* 1. *p.* 398. *Osb. it.* 276. *Lin. sp.*
pl. 475. *Lam. illustr. t.* 266. *Dict.* 2. *p.* 502. *Ait. Kew.* 1. *p.* 487. *Willd. sp.* 2.
p. 263. *Pers. enchir.* 1. *p.* 396.

Lacryma Iobi gramineis foliis in capreolos desinentibus. *Burm. Zeyl.* 138.

Arundo sarmentosa indica baccifera, foliis in extremo capreolatis. *Burm. Zeyl.* 35.

Frutex indicus scandens, foliis Mendoni instar in capreolum desinentibus,
fructu parvo coronato. *Plukn. Amalth. p.* 101.

Palmjuncus lævis. *Rumph. Amb.* 5. *p.* 120. *t.* 59. *f.* 2.

Panambu-valli. *Rheed. Mal.* 7. *p.* 99. *t.* 53. *Raji suppl.* 573.

FLAGELLARIA DES INDES.

Cette plante singulière naît d'une racine noueuse, blanche, couverte d'un
épiderme roux. Sa tige sarmenteuse et rameuse s'élève souvent à plus de deux
mètres de hauteur. Elle est cylindrique, herbacée, très-flexible, couverte entièrement, du moins dans le haut, par les gaînes des feuilles. Sa partie inférieure
est droite et presque ligneuse. Les feuilles forment autour de la tige une gaîne
longue, cylindrique, entière, ouverte seulement par le haut. Leur limbe est
lancéolé, long de un à deux centimètres, de largeur assez variable, lisse, brillant, entier sur les bords, et marqué de nervures longitudinales, saillantes,
dont la moyenne est la plus forte. Il se rétrécit presque subitement vers la base
en une sorte de pétiole très-court. Il se rétrécit beaucoup plus graduellement
vers le sommet, qui se prolonge en un long filament roulé sur lui-même en
manière de tire-bourre.

Les fleurs sont très-nombreuses, petites, blanches, disposées au sommet des
rameaux, en panicules grandes et coniques. Les pédoncules qui les supportent
sont plusieurs fois ramifiés, flexueux, demi-cylindriques, creusés en gouttière.
Leurs premières ramifications sont alternes; les dernières sont opposées. Immédiatement au-dessous des fleurs sont des bractées membraneuses, ovales et
très-courtes.

Le périgone est divisé jusqu'à sa base en six segments ovales, concaves,
aigus, presque égaux entre eux et persistants.

Les étamines sont au nombre de six. Leurs filaments sont en forme d'alène,
blancs, un peu plus longs que les segments du périgone. Ils supportent des
anthères jaunes, oblongues.

257

L'ovaire est parfaitement libre, ovale, un peu triangulaire, rétréci à son sommet en un style court, qui se partage en trois stigmates persistants, oblongs et divergents. Il se transforme en une baie ou drupe de la grosseur d'un grain de genièvre, renfermant sous une chair peu épaisse un noyau à trois loges monospermes, dont deux sont stériles.

HISTOIRE.

La Flagellaria des Indes croît parmi les buissons et dans les bois des Indes orientales, et de la plupart des îles voisines. On l'a retrouvée dans les îles de France et de Bourbon. Elle grimpe le long des herbes, des arbustes, et même des arbres, en s'y fixant au moyen des vrilles qui terminent ses feuilles.

Elle fleurit pendant la plus grande partie de l'année, et cependant toutes les fleurs d'une même panicule s'épanouissent à la fois. La plupart avortent; un petit nombre produisent des fruits.

EXPLICATION DE LA PLANCHE.

Un rameau de la Plante de grandeur naturelle.

1. Une fleur détachée.
2. et 5. L'ovaire et les stigmates.
6. 7. 8. Baies isolées, vues sous différents aspects.
9. Une baie fendue transversalement.
10. Une graine.

Flagellaria Indica

Flagellaria des Indes

P. J. Redouté pinx.

de Gouy sculp.

POLYGONATUM VULGARE.

Fam. des Asperges. *Juss.*—Hexandrie monogynie. *Lin.*

Polygonatum vulgare. P. foliis semi-amplexicaulibus, caule angulato, pedunculis axillaribus, subunifloris. *Desfont. in annal. du Mus. d'Hist. nat. vol.* 9. *p.* 49.

Convallaria polygonatum. C. foliis alternis amplexicaulibus, caule ancipiti,
pedunculis axillaribus subunifloris. *Lin. Mat. med.* 168. *Gmel. Sib.* 1. *p.* 34.
Phil. bot. 218. *Lin. sp. pl.* 451. *Mill. dict. n.* 5. *Scop. Carn.* 420. *Pollich. Pal.* 339.
Fl. Dan. t. 377. *Roth. Germ. vol.* 1. 148. 2. 388. *Willd. sp. pl.* 2. *p.* 161. *Smith.
fl. Brit.* 1. *p.* 372. *Engl. bot. t.* 280. *Lam. dict.* 4. *p.* 368. *Fl. Fr. éd.* 3. 1859.

Convallaria foliis alternis, floribus axillaribus. *Fl. Succ.* 274-294. *Hort. Cliff.*
124. *Gron. Virg.* 37? *Roy. Lugd-b.* 26.

Convallaria foliis alternis, pedunculis pendulis unifloris. *Sauv. Monsp.* 42.

Convallaria angulosa. *Lam. fl. Fr.* 859. *n.* 3.

Polygonatum caule simplici, anguloso, cernuo, foliis ovato-lanceolatis, rigidis,
alis unifloris. *Hall. Helv. n.* 1242.

Polygonatum floribus ex singularibus pedunculis. *Bauh. hist.* 3. *p.* 529.

Polygonatum latifolium, flore majore odore. *Bauh. pin.* 303. *Tournef. inst.* 78.
Barrel. ic. 711.

Polygonatum latifolium secundum. *Clus. hist.* 1. 276.

POLYGONATUM SCEAU DE SALOMON.

DESCRIPTION.

Les pédoncules uniflores et la tige très-anguleuse de cette plante la distinguent suffisamment des *Polygonatums multiflore*, et *à larges feuilles*, avec lesquels
elle a d'ailleurs beaucoup de rapport. Sa racine est, comme dans les autres
espèces du même genre, blanche, charnue, noueuse et plus ou moins contournée. Sa tige est simple, droite dans le bas, arquée dans le haut. Sa partie
inférieure, presque cylindrique, mais profondément striée, porte à quelques
centimètres de la terre une ou deux folioles lancéolées, linéaires, engainées
à la base, demi-membraneuses, exactement appliquées contre elle. Elle est
d'ailleurs tout-à-fait nue. Sa partie supérieure est très-anguleuse, chargée de
huit à dix feuilles sessiles ou demi-embrassantes, ovales, un peu aiguës, mais
non-rétrécies en pointe au sommet, parfaitement glabres et entières, souvent
ondulées sur les bords. De l'aisselle de ces feuilles naissent des pédoncules

solitaires ou géminés simples, glabres et arqués, à l'extrémité desquels sont des fleurs blanches et pendantes.

Le périgone est en forme de tube, un peu évasé vers le haut. Son limbe est à six divisions demi-étalées, ovales et un peu aiguës, dont trois un peu plus petites que les autres.

Les étamines sont renfermées dans le tube du périgone, auquel elles s'insèrent vers le milieu de sa longueur. Leurs filaments sont courts et en forme de soies. Les anthères sont oblongues, jaunes, redressées.

L'ovaire est ovale-arrondi, libre. Le style est filiforme et s'élève au niveau des anthères. Le stigmate est simple. Le fruit est une baie d'un bleu foncé.

HISTOIRE.

Le Polygonatum Sceau de Salomon croît dans les bois montueux de presque toute l'Europe. Il est cependant moins commun que le Polygonatum à plusieurs fleurs, avec lequel on le trouve ordinairement confondu. Il fleurit au mois de juin.

On cultive dans quelques jardins une variété à fleurs doubles, mais elle est peu répandue.

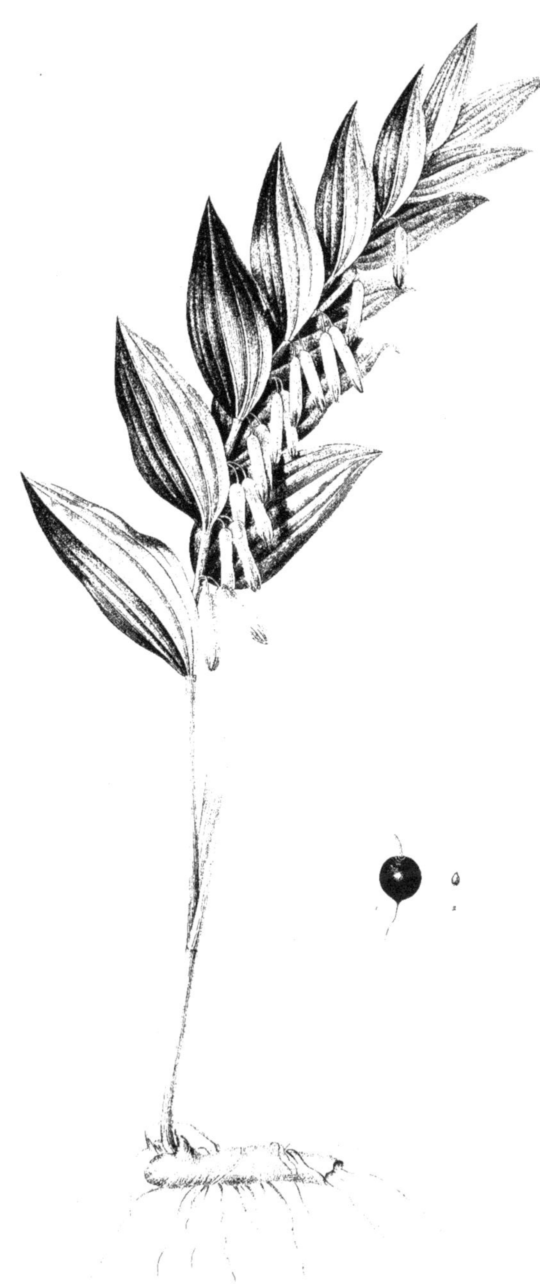

Polygonatum Vulgare   *Polygonatum* sceau de Salomon

P. J. Redouté pinx.   Bessin sculp.

STREPTOPUS AMPLEXIFOLIUS.

Fam. des Asperges. *Juss.*—Hexandrie monogynie. *Lin.*

Streptopus amplexifolius. S. glaber, foliis amplexicaulibus; pedicellis solitariis, medio distorto geniculatis. *Fl. Fr. éd.* 3. 1856.

Streptopus distortus. *Mich. fl. Bor. Amer.* 1. *p.* 200.

Streptopus amplexicaulis. *Poiret in Lam. dict.* 7. *p.* 467.

Uvularia amplexifolia. U. foliis amplexicaulibus cauleque glabris. *Willd. sp. pl.* 2. *p.* 93. *Pers. enchir.* 1. *p.* 360.

Uvularia amplexifolia. U. foliis amplexicaulibus. *Lin. sp. pl.* 436. *Lam. illustr. tab.* 247. *f.* 1. *Hall. Helv.* 1237.

Uvularia amplexicaulis. *Mill. dict. n.* 1.

Uvularia foliis cordato-oblongis. *Roy. Lugd-b.* 29.

Smilax perfoliata ramosa, flore albo. *Barr. rar. ic.* 58. *t.* 720.

Polygonatum latifolium ramosum. *Bauh. pin.* 303. *J. Bauh. hist.* 3. *p.* 530. *Moris. hist.* 2. *p.* 537. *s.* 13. *tab.* 4. *f.* 11. *Raji hist.* 665.

STREPTOPE EMBRASSANT.

DESCRIPTION.

Cette plante élégante sort d'une souche vivace, courte et horizontale, qui donne naissance à des fibres radicales, nombreuses, assez épaisses, brunes, simples et cylindriques. Sa tige, haute de quatre décimètres environ, simple dans le bas, rameuse dans le haut, est lisse, glabre et cylindrique. Elle est nue dans sa moitié inférieure, qui porte, à peu de distance de terre, une feuille isolée, redressée et embrassante. Les rameaux sont peu nombreux, simples, feuillés, et flexueux vers le haut.

Les feuilles sont éparses, étalées, ovales, échancrées en forme de cœur à leur base, qui est fortement embrassante et semble traversée par la tige. Elles sont entières, glabres et marquées de nervures simples, presque égales entre elles. Leur longueur est de six à huit centimètres, leur largeur de trois à cinq.

Les fleurs sont axillaires, blanches, solitaires et pendantes. Les pédoncules qui les supportent sont grêles, et atteignent la moitié de la longueur des feuilles. Ils se courbent subitement à angle droit, ou même à angle aigu vers leur milieu, et présentent dans ce lieu une petite pointe très-courte. Ils sont redressés ou horizontaux dans la partie qui précède ce coude, et pendants dans le reste de leur étendue.

Le périgone est en forme de cloche, divisé jusqu'à sa base en six lanières
lancéolées, demi-étalées, recourbées en dehors et creusées à leur base d'une
petite fossette.

Les étamines sont beaucoup plus courtes que le périgone. Leurs filaments
surtout sont très-courts. Les anthères sont jaunes, redressées, en forme d'alène,
échancrées à la base, rétrécies vers le haut en une pointe très-fine. L'ovaire
est sphérique, surmonté par un style filiforme, épais, plus long que les étamines.
Le stigmate est simple. Le fruit est une baie qui devient rougeâtre en vieil-
lissant, et qui, sous une écorce mince, renferme des semences oblongues et
nombreuses.

HISTOIRE.

Le Streptope embrassant se trouve dans les montagnes d'une grande partie
de l'Europe et dans les forêts ombragées du Canada, mais n'est commun nulle
part. On le cultive rarement dans les jardins.

OBSERVATIONS.

A l'exemple de Michaux et de M. Decandolle, nous séparons cette plante
du genre Uvularia, auquel elle avait été réunie par Linné, mais dont elle s'écarte
tout-à-fait par la structure de son fruit. Tous ses caractères essentiels et sa conformation générale la rapprochent des Polygonatums, et il n'y a aucun doute
qu'elle ne doive être comprise dans la même famille. Les noms de *Sceau de
Salomon rameux*, de *Laurier Alexandrin*, de *Smilax*, sous lesquels les anciens botanistes l'ont désignée, nous montrent qu'ils avaient bien saisi ce rapprochement.

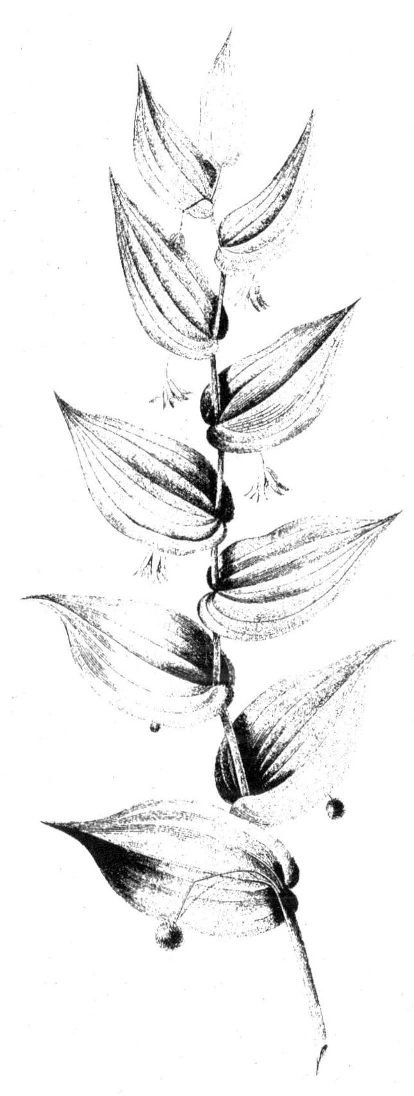

Streptopus Amplexifolius　　　*Streptope Embrassant*

P. J. Redouté pinx.　　　Chapuy sculp.

HYPOXIS LUZULÆFOLIA.

Fam. des Narcisses. *Juss.* — Hexandrie monogynie. *Lin.*

Hypoxis luzulæfolia. H. foliis linearibus, plicato-nervosis glabris ciliatis, scapo
unifloro hispido longioribus, floribus immaculatis semipatentibus.
Hypoxis luzulæfolia. *Decandoll. herb.*

HYPOXIS A FEUILLES DE LUZULE.

DESCRIPTION.

Une bulbe sphérique de la grosseur d'une noix, couverte d'écailles, dont les
nervures sont disposées en manière de réseau, donne naissance, par différents
points de sa circonférence, à des fibres radicales peu nombreuses. Elle émet
par en haut une ou deux hampes nues, cylindriques, glabres dans leur partie
inférieure, hérissées de poils nombreux et crochus dans la supérieure, hautes
d'un décimètre et demi.

Les feuilles forment autour de ces hampes un faisceau qu'entourent des
écailles membraneuses, ovales-lancéolées, aiguës, longues de trois à six centimètres. Elles sont elles-mêmes linéaires, aiguës, plissées longitudinalement,
surtout dans leur partie inférieure, qui est courbée en manière de canal.
Elles sont glabres, mais présentent dans toute leur longueur, sur leur face
interne, à quelque distance de leur bord, une rangée de poils roides ou cils
crochus, qui bordent inférieurement les deux plis principaux. Leurs bords sont
ciliés inférieurement, nus supérieurement.

Chaque hampe porte une fleur solitaire d'un vert jaunâtre, dont le périgone
est divisé, jusqu'à sa base en six lanières linéaires-lancéolées demi-étalées,
aiguës. Les étamines sont insérées à la base de ces lanières, et ne dépassent pas
la moitié de leur longueur. Leurs filaments sont en forme d'alêne, assez courts;
ils supportent des anthères grandes, linéaires et redressées. Le style est filiforme, épais, de la même longueur que les étamines, terminé par un stigmate
en forme de tête, fort petit.

HISTOIRE.

L'Hypoxis à feuilles de Luzule croît au Cap de Bonne-Espérance. Nous la
décrivons d'après un échantillon recueilli par Bruguières, et conservé dans
l'herbier de M. Decandolle.

Hypoxis Luzulæfolia.
Hypoxis à feuilles de Luzule.
P. J. Redouté pinx.
Chapuy sculp.

IRIS PUMILA.

Fᴀᴍ. des Iʀɪs. *Juss.* — Tʀɪᴀɴᴅʀɪᴇ ᴍᴏɴᴏɢʏɴɪᴇ. *Lɪɴ.*

Iris pumila. I. barbata, humilis, scapo unifloro, foliis ensiformibus glabris
breviore, perigonii tubo subsessili, lacinias limbi oblongas obtusas æquante.

Iris pumila. I. barbata, scapo unifloro, foliis ensiformibus glabris breviore,
tubo exserto, petalis oblongis obtusis. *Willd. spec. pl.* 1. *p.* 224. *Pers. enchir.*
1. *p.* 50.

Iris pumila. I. corollis barbatis, caule unifloro, foliis breviore, tubo exserto.
Lam. dict. 298.

Iris pumila. I. corollis barbatis, caule foliis breviore unifloro. *Lin. sp. pl.* 56.
Mill. dict. n. 7. *Pall. it.* 1. *p.* 148. *Roth. Germ.* 1. *p.* 17; 2. *p.* 42.

Iris corollis barbatis, foliis caulem uniflorum superantibus. *Hort. Cliff.* 19.
Roy. Lugd-b. 17.

Iris humilis flore saturatè violaceo; I. humilis minor flore purpureo; I. humilis minor flore purpuro-cæruleo; I. humilis flore rubello; I. humilis
minor flore variè picto; I. humilis flore purpureo flavescente; I. humilis
flore pallido et albo; I. humilis minor flore variegato. *Tournef. inst. p.* 361
et 362.

Chamæiris minor flore purpureo, et sex sequentes species. *Bauh. pin.* 33 *et* 34.

Iris humilis latifolia minor. *J. Bauh. hist.* 2. *p.* 724.

Chamæiridis minoris quinque priores species. *Clus. hist. p.* 225. *et* 226.

Iris violacea parva; pusillæ Iridis latifoliæ varietas et Chamæiris latifolia flore
rubello. *Lob. ic.* 63, 64 *et* 65.

Var. A. Flore violaceo.

Var. B. Flore pallidè cæruleo.

Var. C. Subacaulis.

Perpusilla saxatilis Iris latifolia acaulis fermè. *Lob. ic.* 64.

IRIS NAINE.

OBSERVATIONS.

L'Iris naine et les nombreuses variétés qu'elle présente se reconnaissent
facilement au milieu des autres espèces du même groupe, à leur petite stature,
à leurs feuilles larges en forme de glaive, et surtout à leur tige uniflore,

toujours plus courte que les feuilles. Cette espèce est si connue, que nous croyons inutile d'en donner ici la description. Nous nous bornerons à remarquer que c'est à tort que la plupart des botanistes modernes ont regardé comme un de ses caractères d'avoir le tube de la fleur plus long que la spathe. Bien souvent au contraire il est plus court et s'en trouve entièrement enveloppé. Les dimensions de cette partie sont cependant plus considérables que dans la plupart des autres espèces du même genre, et en particulier que dans l'Iris jaunâtre.

L'on connaît plusieurs variétés de cette plante caractérisées la plupart par les différentes couleurs de la fleur. De ces variétés, les deux plus remarquables et les plus généralement cultivées sont celles dont nous donnons ici la figure; l'une est d'un bleu pâle, l'autre d'un violet foncé : cette dernière a les onglets des segments de son périgone un peu jaunes. Mais, à part ces différences de couleur, elles n'en présentent aucune autre qui soit constante ; c'est tantôt l'une, tantôt l'autre qui acquiert les plus grandes dimensions. La longueur proportionnelle du tube du périgone offre les mêmes variations chez toutes les deux. Dans d'autres variétés, la fleur est rougeâtre, ou bien violette, marquée de nervures jaunes ; quelquefois elle est blanchâtre. Il en est une assez remarquable qui est caractérisée par sa petitesse, et surtout par l'absence presque complète de la tige. Appartient-elle réellement à la même espèce? c'est ce que nous n'entreprendrons pas de décider, n'en ayant pas vu nous-mêmes des échantillons.

HISTOIRE.

L'Iris naine est commune dans les contrées méridionales de l'Europe. Elle croît sur les collines arides et sur les murs des villages. Elle est assez répandue dans les jardins, où on l'emploie à faire des bordures. Sa fleur, qui s'épanouit dans les mois de mars et d'avril, n'exhale aucune odeur.

Iris _Pumila floribus Violaceis._ Iris Naine à fleurs violettes

Iris Pumila floribus cæruleis.

Iris Naine à fleurs bleues.

P. J. Redouté pinx.

Langlois sculp.

IRIS LUTESCENS.

FAM. des IRIS. *JUSS.* — TRIANDRIE MONOGYNIE. *LIN.*

Iris lutescens. I. barbata, scapo subunifloro foliis ensiformibus glabris longiore, tubo spathis incluso, petalis oblongis obtusis. *Willd. sp. pl.* 1. *p.* 225.
Pers. enchir. 1. 50.

Iris lutescens. I. corollis barbatis, caule unifloro foliis longiore, tubo in spatham
incluso. *Lam. dict.* 3. *p.* 297.

Iris humilis flore pallidè luteo, et Iris humilis flore luteo. *Tournef. inst.* 362?

Chamæiris flore pallidè luteo, et Chamæiris flore luteo. *Bauh. pin.* 34?

IRIS JAUNATRE.

DESCRIPTION.

Une racine charnue, oblique, tortueuse, donne naissance à une ou plusieurs
tiges hautes d'un décimètre au moins, cylindriques, simples, glabres et couvertes par les feuilles. Celles-ci, les unes caulinaires, les autres radicales, sont
comprimées en forme de glaive, droites, creusées sur leur bord interne d'une
gouttière dans une grande partie de leur longueur, rétrécies subitement au
sommet en une petite pointe qui se recourbe en dedans. Elles dépassent pour
l'ordinaire le sommet de la tige, mais atteignent rarement le limbe de la fleur.

Chaque tige porte une fleur solitaire terminale qui naît au milieu d'une
spathe à deux valves, d'un pédoncule épais, long d'un centimètre. Les valves
de cette spathe sont lancéolées, égales entre elles, et roulées par les bords
autour de la fleur qu'elles enveloppent jusqu'à sa partie supérieure, et qu'elles
dépassent même un peu.

Le tube du périgone, dans sa partie non adhérente à l'ovaire, est jaunâtre,
presque cylindrique, évasé vers le haut en forme d'entonnoir, de moitié plus
court que les segments du limbe. Ceux-ci sont en forme de spatule, jaunes
dans toute leur étendue, imperceptiblement échancrés au sommet, qui est
courbé en gouttière. Trois d'entre eux, extérieurs aux autres, plus courts qu'eux,
et d'une couleur plus foncée, se recourbent fortement en dehors. Ils sont
munis sur leur ligne moyenne, dans plus de la moitié de leur longueur, d'une
série de filaments filiformes, entièrement jaunes, disposés sur plusieurs ran-
gées irrégulières, et à peine longs de deux millimètres. Les trois autres, plus
étroits inférieurement, plus larges en leur limbe, sont droits, dépourvus de
barbes et fortement ondulés sur les bords.

L'ovaire est irrégulièrement ovoïde. Le style, auquel il donne naissance, est soudé, ainsi que lui, au tube du périgone dans la plus grande partie de sa longueur. Il est libre et en forme de pyramide à son sommet, qui supporte trois stigmates lancéolés, blanchâtres, de moitié plus courts que les segments extérieurs du périgone, dont ils suivent la courbure. Ces stigmates logent sous leur concavité les étamines, dont les filaments sont en forme d'alène, et les anthères oblongues-linéaires. Ils se divisent en deux lèvres, l'une extérieure, très-courte, et l'autre intérieure, longue de six millimètres environ, fendue jusqu'à sa base en deux lobes lancéolés, obtus et dentelés au sommet.

HISTOIRE.

L'Iris jaunâtre croît dans les montagnes des parties méridionales de la France et de l'Allemagne. On la cultive assez communément dans les parterres, où elle fleurit au premier printemps. Sa fleur est inodore.

OBSERVATIONS.

L'Iris jaunâtre diffère de l'Iris naine, dont son port général la rapproche beaucoup, par sa tige proportionnellement plus longue, par la couleur jaune de sa fleur, et surtout par la brièveté du tube de son périgone, qui n'a pas plus de la moitié de la longueur du limbe, et qui est toujours plus court que la spathe. Les barbes que portent les segments extérieurs sont aussi, à proportion, beaucoup plus courtes que dans l'Iris naine, et le pédoncule qui soutient l'ovaire est au contraire bien plus long.

Suivant M. de Lamarck, l'Iris jaunâtre a la tige aussi haute que les feuilles; les divisions de la fleur sont jaunâtres en leur limbe, marquées de veines violettes ou d'un rouge-brun sur leur onglet. Malgré ces légères différences, nous ne doutons pas que notre plante n'appartienne à la même espèce.

EXPLICATION DE LA PLANCHE.

La Plante entière de grandeur naturelle.

1. L'ovaire, le tube du périgone et les stigmates.

Iris Lutescens
Iris Jaunatre.
P. Bessa pinx.
de Couy sculp.

GLADIOLUS TUBATUS.

Fam. des Iris. *Juss.*—Triandrie monogynie. *Lin.*

Gladiolus tubatus. G. corollæ tubo gracili longissimo, laciniis alternis mucronatis, foliis ensiformibus plicatis hirsutis, spathâ bivalvi. *Jacq. ic. rar.* 2. 264.
Collect. 5. *p.* 18.

Gladiolus tubatus. G. polystachyus, corollæ limbo sublabiato, tubo longissimo,
laciniis alternis mucronatis, foliis ensiformibus plicatis hirsutis , spathâ
bivalvi.

Var. B. spathæ valvâ interiore tridentatâ.

Gladioli tubati var. *Jacq. ic. rar.* 2. *tab.* 265. *Collect. p.* 19.

GLAÏEUL EN TROMPETTE.

DESCRIPTION.

Les feuilles velues et plissées de ce joli Glaïeul, sa tige inclinée dans sa
partie supérieure, les couleurs et la disposition de ses fleurs, et presque tous
les autres caractères essentiels, le rapprochent de celui que nous avons décrit
dans une de nos premières livraisons, sous le nom de *Glaïeul incliné.* Si on les
compare entre eux, on verra que la seule différence importante qui les distingue se réduit à ce que trois des divisions du périgone sont terminées chez
l'un par une petite pointe, tandis qu'elles sont obtuses chez l'autre.

La hampe du Glaïeul en trompette est grêle, haute de six décimètres environ,
cylindrique, couverte de poils mous, enveloppée dans sa partie inférieure
jusqu'au-delà du milieu de sa hauteur par les gaînes des feuilles, nue dans la
supérieure, qui, se courbant fortement, devient horizontale dans toute la longueur de l'épi qu'elle supporte.

Les feuilles sont toutes radicales, mais entourant la hampe par leur base
roulée en manière de gaîne, et ne s'en séparant qu'à une hauteur d'autant plus
grande, qu'elles sont plus intérieures, elles semblent, au premier coup-d'œil,
en tirer leur origine. Elles sont comprimées en forme de glaive, lancéolées,
plissées en manière d'éventail, rétrécies dans le bas, aiguës et couvertes de poils
mous. Les plus extérieures atteignent la hauteur de la hampe; les intérieures
la dépassent. Leurs gaînes sont velues et membraneuses sur les bords.

Les fleurs sont au nombre de douze ou quatorze, disposées en épi lâche:
elles sont sessiles, quoique leur long tube les fasse paraître pédicellées, et se
dirigent toutes vers le haut. Chacune d'elles est entourée à sa base par deux
bractées, dont l'une extérieure, un peu plus courte que le tube de la fleur, est

lancéolée, aiguë, entière, membraneuse et brune sur les bords, verte et carénée sur le dos. La bractée intérieure, semblable d'ailleurs, est plus courte de moitié, membraneuse dans le milieu, terminée par deux pointes et relevée de deux carènes latérales.

Le tube du périgone est long de huit centimètres environ, grêle, un peu renflé vers le haut, lisse, arqué et d'une couleur qui tire sur le lilas. Le limbe est presque régulier, divisé en six lanières lancéolées, étalées en forme de roue, blanchâtres ou couleur de chair, marquées en dedans vers leur base d'une tache irrégulière du plus beau carmin. Trois d'entre eux, un peu plus larges, sont aigus; les trois autres, plus étroits, sont un peu obtus et terminés par une petite pointe, ou sorte d'arête.

Les filaments des étamines sont en forme d'alêne, longs de deux centimètres, arqués et appliqués contre le côté supérieur du tube, dans lequel ils sont presque entièrement renfermés. Les anthères sont linéaires, violettes, insérées par la base. Elles font saillie hors de la fleur. L'ovaire est petit, ovale, adhérent. Le style, qui suit la courbure du tube du périgone, contre le côté supérieur duquel il est appliqué, est filiforme et dépasse un peu les étamines. Il est terminé par trois stigmates filiformes, recourbés en dehors, et creusés d'une gouttière dans toute leur longueur.

L'on doit à Jacquin la connaissance d'une variété de cette plante, qui diffère de celle que nous venons de décrire par divers caractères, et notamment par les trois petites pointes qui terminent les bractées intérieures, ainsi que par la largeur plus grande des segments du périgone, qui sont marqués en dessous d'une tache longitudinale rouge.

HISTOIRE.

Le Glaïeul en trompette est originaire du Cap de Bonne-Espérance. C'est dans les serres chaudes du Jardin des Plantes que nous avons vu l'individu que nous avons décrit. Il était en fleur au commencement du printemps.

Gladiolus Tubatus   Glayeul en Trompette

ALLIUM VICTORIALIS.

FAM. des ASPHODÈLES. *JUSS.* — HEXANDRIE MONOGYNIE. *LIN.*

Allium victorialis. A. caule planifolio umbellifero, umbellâ rotundatâ, staminibus lanceolatis, corollâ longioribus, foliis ellipticis. *Mat. méd.* 163. *Lin. sp.*
pl. 424. *Jacq. Austr.* 216. *Mill. dict. n.* 17. *Roth. Germ.* 2. 380. *Willd. sp. pl.* 2.
p. 65. *Fl. Fr. éd.* 3. *n.* 1963.

Allium foliis caulinis lanceolatis, floribus umbellatis. *Roy. Lugd-b.* 39.

Allium victoriale. *All. Ped. n.* 1868.

Allium plantagineum. *Lam. fl. Fr.* 852-27. *Dict.* 1. *p.* 65.

Allium radice oblongâ reticulo obductâ, foliis ovato-lanceolatis, umbellâ
sphæricâ. *Hall. Helv.* 1229.

Allium radice oblongâ reticulo obductâ. *Hall. de All. n.* 20.

Allium alpinum. *J. Bauh. hist.* 2. 566.

Allium montanum latifolium maculatum. *Bauh. pin.* 74. *Moris. hist. vol.* 1.
p. 388. *s.* 4. *t.* 15. *f.* 16.

Victorialis longa. *Clus. Pann.* 223-224. *Hist.* 189.

Allium anguinum. *Cam. epit.* 329.

AIL VICTORIALE.

DESCRIPTION.

La racine de cette plante consiste dans une réunion de fibres nombreuses,
brunes, assez longues, qui naissent d'une souche oblique, presque cylindrique,
demi-ligneuse et ramifiée. Cette partie, que l'on regarde assez généralement, mais
peut-être à tort, comme la racine elle-même, est recouverte d'un grand nombre
de tuniques superposées, noirâtres et formées de fibres entrecroisées en manière
de réseau. Elle donne naissance à une ou plusieurs hampes herbacées, hautes
de six décimètres environ, droites, cylindriques, glabres, d'un vert clair, nues
dans la plus grande partie de leur longueur, couvertes dans le bas par les gaînes
des feuilles. Celles-ci, qui sont au nombre de deux ou trois, sont radicales; mais
la disposition de leur gaîne, qui est fort longue et entièrement fermée jusqu'à
leur extrémité supérieure, les fait paraître caulinaires. Leur limbe est ovale-
lancéolé ou elliptique, obtus, long de douze à dix-huit centimètres, glabre,
marqué de nervures longitudinales, dont celle du milieu est la plus forte.

Les fleurs sont d'un blanc verdâtre, et forment une ombelle sphérique assez
serrée. Les pédicelles qui les supportent sont longs de un à deux centimètres.

La spathe est formée d'une seule pièce membraneuse, qui se fane promptement et se fend irrégulièrement en deux ou plusieurs valves, plus courtes que les pédicelles.

Le périgone est divisé jusqu'à sa base en six lanières demi-étalées, lancéolées, rétrécies vers le haut, et cependant obtuses. Les trois extérieures sont plus petites, et surtout plus étroites que les autres.

Les étamines dépassent de beaucoup les segments du périgone. Leurs filaments sont blancs, en forme d'alêne, dilatés à leur base, mais non soudés entre eux, comme le dit Haller. Les anthères sont jaunes et oblongues.

L'ovaire en forme de toupie, à trois angles obtus et à trois sillons profonds, est surmonté par un style plus court que les étamines. La capsule est brune, à trois loges monospermes, qui, en raison de la profondeur des sillons qu'elles laissent entre elles, semblent autant de coques distinctes.

HISTOIRE.

L'Ail victoriale croît dans les prairies des Alpes, du Jura, des montagnes d'Auvergne et de celles de l'Autriche. Il y est en général assez rare. Sa racine, que l'on connaît sous le nom de *Victoriale longue*, et à laquelle on attribuait autrefois beaucoup de propriétés imaginaires et superstitieuses, comme le font encore les paysans des cantons où on le trouve, était souvent employée comme amulette. Maintenant elle est presque hors d'usage.

P. J. Redouté pinx.   Bessin sculp.

CROCUS VERNUS.

Crocus vernus. C. bulbo-tubere tunicis reticulato-fibrosis vestito, ore tubi hispido, stigmate incluso trifido, lobis cuneiformibus incisis.

Crocus vernus. C. bulbo-tubere globoso tunicis pullis reticulato-fibrosis invo-
luto, ore tubi glandulis filiformibus irretitìm occluso, stigmatibus antheras
superantibus. *Gawl. in Curt. botan. mag.* 860.

Crocus vernus. C. staminibus pistillo longioribus, limbo parvo tubo multoties
breviore. *Lam. illustr. n.* 444. *t.* 30. *f.* 2. *Desfont. fl. Atl.* 1. *p.* 33. *Poiret in Lam.
dict.* 6. *p.* 384.

Crocus vernus. C. foliis linearibus planis, stigmate incluso, segmentis incras-
satis brevissimis. *Pers. enchir.* 1. *p.* 41.

Crocus vernus. C. stigmate incluso trifido, lobis cuneiformibus incisis. *Smith.
fl. Brit.* 40. *Vahl. enum. pl.* 2. *p.* 46.

Crocus vernus. C. stigmate trifido corollâ breviore erecto, foliis linearibus planis.
Willd. sp. pl. 1. 195.

Crocus vernus, var. α. et β. *Fl. Fr. éd.* 3. *n.* 2003.

Crocus vernus. C. vernalis foliis latioribus, margine patulo. *Lin. syst. pl.* 75.
Jacq. Austr. 5. *p.* 47. *app. tab.* 36. *Knorr. del. hort.* 1. *tab. S.* 14. *f.* 3. *Scop. Carn.
éd.* 2. *n.* 47. *Engl. bot. n.* 344.

Crocus sativus, var. β. *Lin. sp. pl.* 50.

Crocus tubâ brevissimâ trifidâ. *Hall. Helvet. n.* 1257.

Crocus vernus latifolius. *Bauh. pin.* 65-66.

Croci verni latifolii octodecim priores varietates. *Tournef. inst. p.* 351. et 352.
et quinque priores. *Clus. hist. p.* 203.

Crocus montanus vernalis. *Hort. Eyst. æst.* 3. *tab.* 10. *f.* 3.

SAFRAN PRINTANIER.

DESCRIPTION.

Un double tubercule couvert d'une tunique brune, formée de plusieurs plans
de fibres entrecroisées en manière de réseau, émet par en bas des fibrilles radicales nombreuses, et donne naissance par sa partie supérieure à une ou plusieurs hampes très-courtes, situées chacune au milieu d'un faisceau de 3 ou 4
feuilles linéaires, planes, glabres, aiguës, larges de 3 millimètres environ, roulées
en dehors sur leurs bords, et munies d'une nervure moyenne, blanche, fort
développée. Ces feuilles sont, ainsi que la hampe qu'elles entourent, enveloppées à leur base par trois ou quatre gaînes membraneuses. La hampe elle-même,
qui est très-courte et entièrement enfouie dans la terre, est cachée dans une
petite gaîne membraneuse particulière. Elle porte à son sommet une fleur solitaire, entourée dans toute la longueur de son tube par une bractée ou spathe
membraneuse, qui naît immédiatement au dessous de l'ovaire. Le tube de cette
fleur est grêle, cylindrique, plus long, pour l'ordinaire, que les divisions du
limbe. Celles-ci sont au nombre de six, lancéolées, tantôt obtuses et arrondies

au sommet, tantôt plus ou moins aiguës. Leur couleur varie beaucoup. Elle
est le plus souvent tout-à-fait blanche ou violette : quelquefois elle présente
des variétés intermédiaires ; quelquefois aussi elle est bleue. A l'entrée du tube
est une touffe de poils glanduleux qui manque dans les espèces voisines. Les
filaments des étamines sont blancs, en forme d'alène. Ils supportent des anthères
jaunes, linéaires, assez longues et redressées. L'ovaire est oblong, triangulaire,
marqué souvent de six lignes violettes. Le style est filiforme, blanc, plus long
que le tube du périgone, surmonté par un stigmate d'une couleur orangée vive,
divisé peu profondément en trois lanières courtes, larges, plus ou moins décou-
pées ou dentées. Tantôt ce stigmate dépasse le niveau des anthères, tantôt il reste
au dessous. Il n'exhale aucune odeur. La capsule, de même forme que l'ovaire,
est à trois loges, dont chacune renferme des semences ovales et nombreuses.

HISTOIRE.

Le Safran printanier est commun dans les montagnes des régions tempé-
rées de l'Europe. Son développement, qui est toujours immédiatement consé-
cutif à la fonte des neiges, se fait au premier printemps dans les lieux peu
élevés, mais est souvent retardé jusqu'à la fin de l'été dans les hautes sommités.
Il est assez remarquable que la variété à fleurs blanches et celle à fleurs violettes se trouvent presque toujours mêlées ensemble, sans qu'on observe, du
moins pour l'ordinaire, de variétés intermédiaires. On les cultive l'une et l'autre
dans les parterres, dont elles font, au premier printemps, l'un des principaux
ornements, et où on les mélange le plus souvent avec le Safran jaune.

OBSERVATIONS.

La plupart des botanistes modernes ont confondu avec le Safran printanier,
une espèce très-distincte que nous avons décrite dans une de nos précédentes
livraisons sous le nom de *Safran jaune*. Nous avons indiqué à cette occasion
les caractères qui distinguent ces deux espèces avec assez de soin pour qu'il ne
soit pas nécessaire d'y revenir. Nous nous bornerons en conséquence à remarquer ici que c'est à tort que nous avons regardé avec M. Gawler comme un
des caractères du Safran printanier, d'avoir le stigmate plus long que les étamines, cette disposition n'étant pas constante, et qu'il ne faut non plus attacher
aucune importance à celui qui se tire de la proportion relative du tube et du
limbe de la fleur.

EXPLICATION DE LA PLANCHE.

1. Variété à fleurs blanches.
2. Variété à fleurs violettes.
3. Le style et le stigmate.
4. Une fleur ouverte de manière à montrer les étamines.

Crocus Vernus
Safran Printannier

GLADIOLUS COMMUNIS.

FAM. des IRIS. *JUSS.* — TRIANDRIE MONOGYNIE. *LIN.*

Gladiolus communis. G. corollâ subringente, spathis tubo longioribus, floribus secundis, foliis ensiformibus nervosis. *Willd. sp. pl.* 1. *p.* 212. *Pers. enchir.* 1. 43.

Gladiolus communis. G. foliis ensiformibus, floribus distantibus. *Lin. spec. pl.* 52. *Mill. dict. n.* 1. *Hall. Helvet.* 1262. *Bull. herb. t.* 9. *Scop. Carn. éd.* 2. *n.* 48. *Roth. Germ.* 1. *p.* 18; 2. *p.* 44. *Lam. dict.* 2. *p.* 723. *Curt. botan. mag.* 86. *Desfont. Atl.* 1. *p.* 35. *Fl. Fr. éd.* 3. *n.* 1999.

Gladiolus foliis ensiformibus. *Hort. Cliff.* 20. *Hort. Ups.* 16.

Gladiolus caule simplicissimo, foliis ensiformibus. *Roy. Lugd-b.* 19.

Gladiolus. *Dod. pempt. ic.* 209. *Riv. Mon. irreg.* 110.

Gladiolus sive xyphion. *J. Bauh. hist.* 2. 701. *Raji hist.* 1168.

Var. A. floribus perfectè secundis.

Gladiolus floribus uno versu dispositis. *Bauh. pin.* 41. *Moris. hist.* 1. *p.* 345. *sect.* 4. *t.* 4. *f.* 3 *et* 4. *Tourn. inst.* 365. *Garid. p.* 208. *t.* 43.

Gladiolus Narbonensis. *Lob. ic.* 98. *f.* 2.

Gladiolus Narbonensis flore incarnato et flore purpureo. *Hort. Eyst. æst. ord.* 4. *fol.* 10.

Var. B. floribus in duas series divergentes ordinatis.

Gladiolus utrinquè floridus. *Bauh. pin.* 41. *Moris. hist.* 1. *p.* 343. *sect.* 4. *t.* 4 *f.* 6.

Gladiolus utrinquè floriferus. *Dod. pempt.* 209.

Gladiolus Italicus binis florum ordinibus cinctus. *Lob. ic.* 99. *f.* 1.

GLAYEUL COMMUN.

DESCRIPTION.

Cette plante sort d'un tubercule blanc de la grosseur d'une cerise, à peu près sphérique, souvent déprimé, couvert d'écailles brunes et membraneuses, dont les nervures un peu saillantes sont entrecroisées et très-nombreuses. Sa hampe, couverte dans plus de la moitié de sa longueur par les gaînes des feuilles, est grêle, cylindrique, glabre et haute de quatre à huit décimètres. Ses feuilles sont engaînantes, comprimées en forme de glaive, assez étroites, entières, aiguës, marquées de quelques nervures très-saillantes. Leurs gaînes, d'autant plus longues qu'elles sont plus intérieures, naissent la plupart de la racine. Celles des feuilles supérieures, intimement soudées à la hampe, peuvent être considérées comme en tirant leur origine.

Les fleurs, au nombre de six à douze, sessiles et un peu pendantes, forment un épi lâche. Elles sont toujours dirigées plus ou moins d'un même côté ; mais, dans la variété **A**, elles ne forment qu'une seule rangée, tandis que, dans la variété **B**, elles sont disposées sur deux rangs divergents. Chacune d'elles est entourée à sa base par deux bractées foliacées, roides, lancéolées, concaves, aiguës et inégales. L'extérieure atteint presque la longueur de la fleur elle-même. L'intérieure est de moitié plus courte.

Le périgone, rouge pour l'ordinaire, mais quelquefois blanc, ou de couleur de chair, est divisé profondément en six segments inégaux, irréguliers, demi-étalés, et disposés en manière de gueule. Le supérieur, plus large que les autres, est un peu en forme de voûte. Les trois inférieurs sont marqués d'une ligne longitudinale blanche.

Les filaments des étamines sont blancs, arqués et appliqués contre le segment supérieur du périgone. Ils supportent des anthères très-longues, aiguës, linéaires, jaunes et redressées. Le style, filiforme et rougeâtre, suit la même direction et se partage en trois stigmates grêles, divergents, un peu dilatés au sommet, et creusés d'une gouttière sur leur bord interne. Le fruit est une capsule ovale, bosselée, un peu triangulaire, plus large dans le haut que dans le bas. Chacune de ses loges renferme plusieurs graines ovales, anguleuses, disposées sur deux rangs.

HISTOIRE.

Le Glayeul commun croît abondamment dans les champs des parties méridionales de l'Europe. On le cultive comme plante d'ornement dans la plupart des jardins. Il fleurit en mai.

Gladiolus Communis

Glayeul Commun

P. J. Redouté pinx.

de Gouy sculp.

ALISMA RANUNCULOÏDES.

Fam. des Alismacées. *Fl. Fr.*—Hexandrie polygynie. *Lin.*

Alisma ranunculoïdes. **A.** foliis lineari-lanceolatis, capsulis pentagonis incurvis
globoso-aggregatis. *Smith. fl. Brit.* 1. *p.* 402.

Alisma ranunculoïdes. **A.** foliis lineari-lanceolatis, fructibus globoso-squarrosis.
Lin. sp. pl. 487. *Fl. Dan. t.* 122. *Weber. spicil. p.* 12. *Roth. fl. Germ.* 1. 163;
2. 430. *Lam. dict.* 2. *p.* 514. *Engl. bot.* 326. *Fl. Fr. éd.* 3. *n.* 1888. *Pers. ench.* 1.
p. 401.

Alisma fructu globoso undiquè echinato. *Hort. Cliff.* 141. *Itt. Gotl.* 298. *Fl. Suec.*
301-325. *Roy. Lugd-b.* 46. *Gort. Gel.* 77. *Sauv. Monsp.* 14.

Damasonium angustissimo plantaginis folio. *Vaill. act.* 1719. *p.* 27.

Ranunculus palustris plantaginis folio humilis et supinus. *Tourn. inst.* 292.

Ranunculus aquaticus plantaginis folio angustissimo. *Pet. gaz. t.* 26. *f.* 12.

Plantago aquatica humilis angustifolia. *Bauh. hist.* 3. *p.* 738.

Plantago aquatica humilis angustifolia et longifolia. *Lob. ic.* 300.

FLUTEAU RENONCULE.

DESCRIPTION.

Une racine composée d'un amas de fibres blanches, brillantes, filiformes et
extrêmement nombreuses, donne naissance à une ou plusieurs tiges inclinées,
longues de un ou deux décimètres, nues, glabres et cylindriques. Les feuilles,
toutes radicales, sont assez nombreuses, lancéolées, aiguës, glabres, un peu
charnues, marquées de trois nervures, et rétrécies à leur base en un pétiole
demi-cylindrique, un peu plus court que la hampe.

Les fleurs forment pour l'ordinaire deux ombelles, l'une terminale, l'autre
latérale; mais cette dernière manque quelquefois. L'une et l'autre sont formées
de six à douze rayons longs de cinq centimètres environ, et entourées à leur
base par une collerette à trois folioles, ovales, courtes, brunes et membraneuses. Entre les rayons de l'ombelle sont des bractées irrégulières, assez semblables aux folioles de la collerette.

Le périgone, dont le diamètre est de douze millimètres environ, est divisé
jusqu'à sa base en six segments disposés sur deux rangs. Les trois extérieurs,
qui ressemblent à un véritable calice, sont petits, ovales, verts et concaves.
Les trois intérieurs, beaucoup plus grands, sont un peu en forme de coins,

plus larges que longs, de couleur lilas, avec l'onglet jaune. Leur bord extérieur est crispé et finement dentelé.

Les étamines atteignent à peine la longueur des segments extérieurs du périgone. Leurs filaments droits, blancs et en forme d'alêne, supportent des anthères jaunes et ovales.

Les ovaires, au nombre de vingt-cinq environ, sont rassemblés en tête sphérique et hérissée. Ils sont ovales, anguleux, marqués de deux sillons sur leur face externe et rétrécis en pointe à leur sommet, qui porte un stigmate simple et sessile. Ils se transforment en autant de capsules monospermes de même forme qu'eux.

HISTOIRE.

Le Fluteau renoncule croît dans les marais et au bord des étangs de la plus grande partie de l'Europe. Il fleurit pendant tout l'été.

EXPLICATION DE LA PLANCHE.

La Plante entière de couleur naturelle.

1. Une fleur dont les segments intérieurs et les étamines ont été enlevés.
2. Une fleur complète.
3. Les ovaires.
4. Les fruits réunis.
5. Un fruit détaché.

Alisma Ranunculoides

Fluteau Renoncule

P. J. Redouté pinx.

Chapuy sculp.

PHALANGIUM LILIAGO.

Fam. des Asphodèles. *Juss.* — Hexandrie monogynie. *Lin.*

Phalangium liliago. P. foliis planis, scapo simplicissimo, corollis planis, pistillo declinato. *Schreb. spicil.* 36. *Lam. illustr. t.* 240. *f.* 2. *Lam. dict.* 5. *p.* 245. *Fl. Fr. édit.* 3. 1931. *Pers. enchir.* 1. *p.* 369.

Anthericum liliago. *Hort. Ups.* 83. *Fl. Suec.* 2. 290. *It. Scan.* 104. *Sp. plant.* 445. *Mill. dict. n.* 3. *Jacq. Hort. Vind.* 1. *t.* 83. *Pollich. Palat. n.* 335. *Fl. Dan. t.* 616. *Roth. Germ.* 1. 150 ; 2. 392. *Willd. sp. pl.* 2. 141. *Desfont. Atl.* 1. *p.* 304. *Gœrtn. de Fruct.* 1. *p.* 55. *t.* 16. *f.* 1.

Ornithogalum gramineum. *Lam. fl. Fr.* 3. *p.* 278.

Phalangium radicibus teretibus, foliis radicalibus carinatis, ensiformibus, petiolis unifloris. *Hall. Helv. n.* 1207 ?

Anthericum caulibus non ramosis, foliis planis. *Guett. Stamp.* 1. *p.* 128.

Phalangium pulchrius, non ramosum. *J. Bauh. hist.* 2. *p.* 635.

Phalangium parvo flore non ramosum. *Bauh. pin.* 29. *Moris. hist.* 1. *p.* 333. *S.* 4. *t.* 1. *f.* 10. *Tournef. inst.* 368.

Phalangium non ramosum. *Dod. pempt. ic.* 106. *Park. theatr.* 419.

Liliago Cordi. *Lob. ic. p.* 48.

Liliago. *Cord. hist.* 2. *c.* 106. *p.* 48.

PHALANGÈRE FLEUR DE LIS.

DESCRIPTION.

La racine de cette plante est un faisceau de fibres épaisses, charnues, blanches, cylindriques et très-longues. Elle donne naissance à des feuilles nombreuses, linéaires, étroites, courbées en carène, rétrécies graduellement en pointe de la base jusqu'au sommet, aiguës, parfaitement glabres, entières sur les bords, et un peu plus courtes que la hampe. Celle-ci est haute de trois à six décimètres, cylindrique, glabre, parfaitement simple, chargée dans le milieu de deux ou trois folioles ou bractées membraneuses, lancéolées, aiguës, et terminée par une grappe simple et allongée de fleurs blanches, dont le nombre est très-variable. Les pédicelles qui supportent ces fleurs sont à moitié redressés et longs de deux centimètres et demi. Chacun d'eux est muni à sa base d'une bractée membraneuse, lancéolée, aiguë, un peu plus courte que lui.

Le périgone est divisé jusqu'à sa base en six lanières, étalées, linéaires-lancéolées, obtuses, très-blanches, marquées de trois nervures, et à peu près égales en longueur. Trois d'entre elles, un peu plus étroites que les autres, sont terminées par une sorte de callosité.

Les étamines, au nombre de six, sont de moitié plus courtes que les segments du périgone. Leurs filaments sont blancs, droits, filiformes, un peu plus épais vers le haut qu'à leur base. Trois d'entre eux sont plus courts que les autres. Les anthères sont jaunes, redressées, oblongues, aiguës, à deux loges qui s'ouvrent en dedans. Leur sommet se recourbe fortement en dehors.

L'ovaire est arrondi, à trois angles obtus. Il supporte un style filiforme, un peu épaissi vers le haut, dejeté de côté, fortement courbé en arc et terminé par un stigmate simple. Le fruit est une capsule ovale marquée de trois sillons, à trois valves et à trois loges, dont chacune renferme six ou huit semences noires et brillantes.

HISTOIRE.

La Phalangère Fleur de lis est assez commune dans les bois montueux d'une grande partie de l'Europe. On la cultive dans plusieurs parterres.

Elle fleurit au mois de juin.

Anthericum Liliago. *Phalangère fleur de Lis.*

P. J. Redouté pinx. de Gouy sculp.

PHALANGIUM SEROTINUM.

Fam. des Asphodèles. *Juss.* — Hexandrie monogynie. *Lin.*

Phalangium serotinum. P. foliis planiusculis, scapo unifloro. *Lam. dict.* 5. *p.* 241.
Fl. Fr. éd. 3. 1932. *Pers. enchir.* 1. *p.* 367.

Anthericum serotinum. *Lin. sp. pl.* 444. *Jacq. Austr. app. tab.* 38. *Willd. sp. pl.* 2.
p. 134.

Anthericum foliis semicylindricis, caulinis basi dilatatis, caule subunifloro.
Smith. fl. Brit. 1. 367.

Bulbocodium foliis subulato-linearibus. *Roy. Lugd-b.* 41. *Sp. pl. éd.* 1. *p.* 294.

Phalangium foliis crassulis, scapo unifloro. *Hall. Helv. n.* 1209.

Bulbosa alpina juncifolia, flore unico intùs albo, extùs squalidè rubente. *Raji*
syn. 3. *p.* 374. *t.* 17. *fig.* 1.

Pseudonarcissus gramineo folio seu Leuconarcissus æstivus. *Bauh. pin.* 51.
Prodr. 27. *Rudb. Elys.* 2. *p.* 64. *f.* 9. *Burs.* 3. 41.

Narcissus autumnalis minor. *Bauh. hist.* 2. *p.* 662. *ic.* 1.

PHALANGÈRE TARDIVE.

DESCRIPTION.

Une bulbe grêle, allongée, couverte d'une tunique brune, émet par sa partie
inférieure des fibres radicales déliées ; supérieurement elle donne naissance à
deux feuilles linéaires très-étroites, légèrement charnues, longues de cinq à
quinze centimètres, glabres et aiguës. A côté de ces feuilles s'élève une hampe
ordinairement un peu plus courte qu'elles, grêle, cylindrique, et chargée de
trois ou quatre petites feuilles linéaires, embrassantes, courbées en gouttière
et élargies à la base, un peu obtuses, et d'autant plus courtes, qu'elles naissent
plus haut.

Au sommet de la hampe est une fleur solitaire assez grande, dont le périgone
est divisé jusqu'à sa base en six lanières étalées, ovales-lancéolées, jaunes à
leur base, blanches en dedans, plus ou moins rouges en dehors, et marquées
sur leurs deux faces de veines de cette dernière couleur.

Les étamines, insérées à la base des segments du périgone, sont de moitié
plus courtes qu'eux. Leurs filaments sont filiformes, grêles, persistants, terminés par des anthères jaunes un peu arrondies.

L'ovaire est prismatique et triangulaire. Le style, quoique beaucoup plus grêle, a la même forme. Il est persistant et s'élève à la même hauteur que les étamines. Le fruit est une capsule un peu en forme de toupie, à trois angles obtus, à trois loges qui renferment, suivant Smith, des graines triangulaires, courbées et striées.

HISTOIRE.

La Phalangère tardive croît dans les hautes Alpes du Dauphiné, de la Suisse et du Piémont, dans les montagnes d'Autriche et dans celles d'Angleterre et d'Ecosse. Elle ne paraît pas avoir été transplantée dans les jardins. Quoique elle fleurisse en général au milieu ou même à la fin de l'été, Haller la considère avec raison comme une plante printanière ; car elle se dévelope toujours immédiatement après que les neiges ont disparu dans le lieu où elle se trouve.

Phalangium Serotinum

Phalangère Tardive

P. J. Redouté pinx.   Chapuy sculp.

ALLIUM LUSITANICUM.

FAM. des ASPHODÈLES. *JUSS.*—HEXANDRIE MONOGYNIE. *LIN.*

Allium lusitanicum. **A.** foliis radicalibus subsemiteretibus tenuibus, radice
carnosâ ramosâ, spathis brevissimis, umbellâ multiflorâ hemisphæricâ, laciniis perigonii acuminatis stamina simplicia æquantibus.

Allium lusitanicum. *Lam. dict.* 1. 70.

Allium lusitanicum. **A.** foliis semiteretibus striatis, spathâ bivalvi, pedunculis
paulò longiori, floribus obtusis reflexis, staminibus simplicibus corollam
æquantibus. *Brot. fl. Lus.* 1. 542?

Cepa lusitanica, foliis capillaceis, minimâ purpurascente flore. *Tournef. inst.*
383.

AIL DE PORTUGAL.

DESCRIPTION.

Cet Ail sort d'une souche rameuse vers le haut, charnue et cylindrique, qui
émet des fibres radicales, nombreuses, blanches, épaisses et très-longues. Ses
feuilles, toutes radicales, et réunies en faisceaux, dont la partie inférieure forme
une sorte de bulbe allongée, s'engaînent mutuellement, et semblent disposées
sur deux rangs opposés. Elles sont grêles, presque filiformes, demi-cylindriques,
un peu courbées en gouttière dans leur entier développement, légèrement
obtuses, lisses, très-glabres, et hautes d'un à deux décimètres.

La hampe, qui est cachée dans sa partie inférieure par la gaîne de la feuille
extérieure, s'élève à la hauteur de trois décimètres environ. Elle est grêle,
lisse, glabre, légèrement comprimée et un peu anguleuse d'un seul côté.
L'ombelle qui la termine est hémisphérique, formée d'une quarantaine de fleurs,
et dépourvue de bulbes. La spathe est à deux valves membraneuses, plus
courtes que les pédicelles : ceux-ci sont longs de quinze millimètres environ.

Le périgone est à peu près en forme de cloche et d'une couleur lilas foncée.
Ses trois segments extérieurs sont ovales et rétrécis au sommet, qui est légèrement échancré. Les trois intérieurs sont un peu plus longs, lancéolés, aigus,
légèrement dentelés, mais sans aucune échancrure.

Les filaments des étamines sont en forme d'alène, égaux en longueur aux
divisions intérieures du périgone. Les anthères sont oblongues, droites et violettes. Elles renferment un pollen d'un bleu pâle.

L'ovaire est ovale, un peu bosselé et marqué de trois sillons profonds. Le
style est en forme de soie, plus court que les étamines, et coudé vers son milieu,

de manière à prendre dans le reste de son étendue une direction horizontale.
Il est terminé par un stigmate simple.

HISTOIRE.

L'on cultive depuis très-long-temps cette plante au Jardin du Muséum
d'Histoire naturelle, sous le nom d'*Ail de Portugal*, mais sans avoir d'autres
renseignements sur son pays natal. Nous sommes d'autant plus portés à croire
qu'elle est en effet originaire du Portugal, que nous nous sommes assurés par
sa comparaison avec des échantillons conservés dans l'herbier de Vaillant,
qu'elle est semblable à celle que Tournefort a nommée *Cepa Lusitanica*, etc.
Nous avons cependant lieu de penser qu'elle est différente de l'*Allium Lusitanicum* de Brotero, et que par conséquent elle n'est pas mentionnée dans la Flore
publiée par ce savant naturaliste.

EXPLICATION DE LA PLANCHE.

La Plante entière de grandeur naturelle.

1. Une fleur détachée.
2. L'ovaire et le style.

Allium Lusitanicum　　　　*Ail de Portugal*

ALLIUM PALLENS.

Fam. des Asphodèles. *Juss.* — Hexandrie monogynie. *Lin.*

Allium pallens. A. caule subteretifolio umbellifero, floribus pendulis truncatis,
staminibus simplicibus corollam æquantibus. *Lin. sp. pl.* 427. *Gouan. illustr.*
24. *Lam. dict.* 1. *p.* 67. *Willd. sp. pl.* 2. *p.* 72. *Fl. Fr. éd.* 3. 1971.

Allium pallens. A. foliis semiteretibus striatis, spathâ bivalvi pedunculis paulò
longiori, floribus obtusis reflexis, staminibus simplicibus corollam æquantibus. *Brot. Fl. Lus.* 1. 542?

Allium flavum, var. β. *Lam. Fl. Fr.* 3. *p.* 258.

Allium flore pallido seu luteo. *J. Bauh. hist.* 2. *p.* 561.

Allium montanum bicorne, flore pallido odoro. *Bauh. pin.* 75. *Tournef. inst.* 384.

Allii montani quarti species prima. *Clus. hist.* 194.

Gethioides sylvestre. *Column. ecphr.* 2. *p.* 6. *t.* 7. *f.* 2.

AIL PALE.

DESCRIPTION.

Une bulbe arrondie grosse comme une petite noix et couverte de tuniques
blanches, émet par sa base des fibres radicales brunes, filiformes et médiocrement nombreuses. De son sommet naît une tige droite, simple, feuillée,
haute de quatre à cinq décimètres, assez forte, glabre, lisse et cylindrique. Les
feuilles, au nombre de deux ou trois, sont véritablement radicales ; mais enve-
loppant exactement la tige de leurs longues gaînes, et, s'en séparant subitement
à diverses hauteurs, elles semblent en tirer leur origine. Elles sont glabres dans
toute leur étendue, et se dessèchent pour l'ordinaire avant l'entier épanouissement des fleurs. Leur limbe est presque cylindrique, fistuleux, lisse, creusé
du côté qui répond à la tige, d'une gouttière peu profonde. Il se rétrécit graduellement jusqu'à son sommet, qui est aigu et dépasse celui de la tige.

Les fleurs sont blanchâtres et fort nombreuses. Elles forment une ombelle
dépourvue de bulbes, et sphérique, dont les pédicelles extérieurs sont un peu
pendants, mais point aussi prolongés que dans l'*Ail paniculé.* La spathe qui les
renferme est à deux valves lancéolées, marquées de nervures saillantes, et
prolongées en une pointe trois ou quatre fois aussi longue que le diamètre
de l'ombelle.

Les segments du périgone sont ovales-oblongs, concaves, obtus, comme
tronqués, blancs et marqués d'une nervure moyenne, brune ; ils sont serrés
les uns contre les autres, de manière à former une espèce de cloche ou de godet.

Les étamines sont entièrement renfermées dans le périgone. Leurs filaments, en forme d'alêne et isolés à leur base, supportent des anthères ovales, jaunes et vacillantes.

L'ovaire est ovale, vert, marqué de six sillons, et surmonté par un style extrêmement court avant l'époque de la fécondation, mais s'allongeant un peu pendant le développement de la capsule. Le stigmate est simple.

HISTOIRE.

L'Ail pâle croît assez communément dans les parties méridionales de la France, et de la plus grande partie de l'Europe. Nous le décrivons d'après des individus cultivés au Jardin du Muséum d'Histoire naturelle, où il fleurit au mois de juillet.

EXPLICATION DE LA PLANCHE.

La Plante entière de grandeur naturelle.

1. Une fleur fendue latéralement, et étalée.
2. L'ovaire et le style.

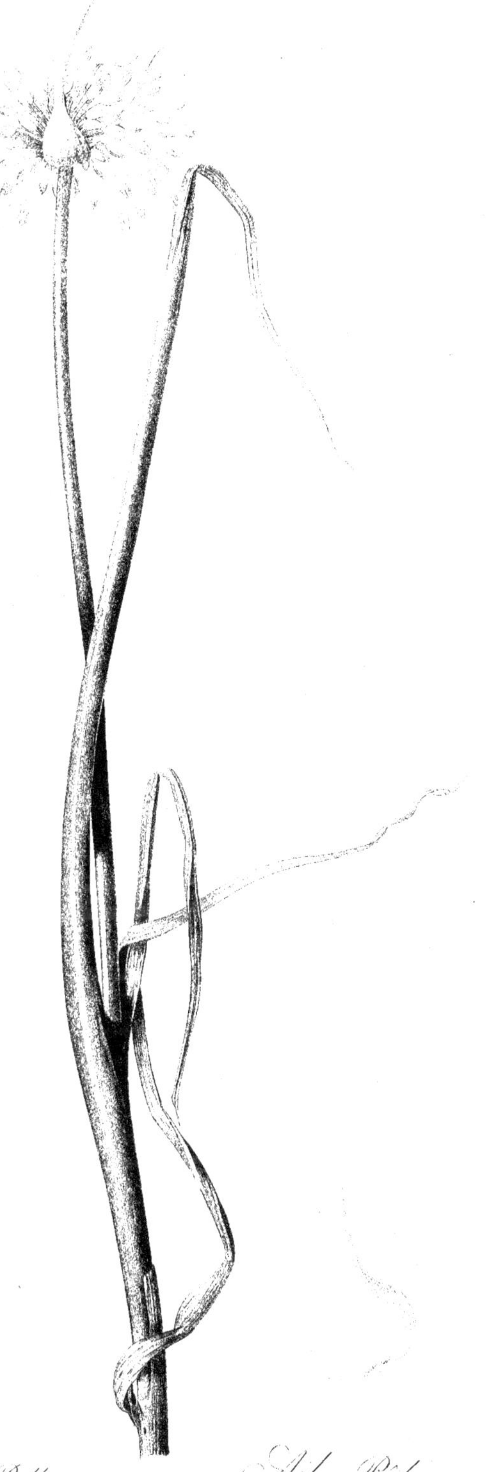

Allium _Pallens.   Ail Pâle.

P. J. Redouté pinx.   Langlois sculp.

GLADIOLUS HIRSUTUS.

Fam. des Iris. *Juss.* — Triandrie monogynie. *Lin.*

Gladiolus hirsutus. G. corollâ campanulatâ, foliis ensiformibus villosulis, vaginâ pilosâ, caule bifloro spathisque glabris. *Jacq. ic. rar. 2. t. 250. Collect. 4.*
p. 161.

Gladiolus hirsutus. G. corollâ subringente, spathis tubo æqualibus, scapis bi-
floris, foliis ensiformibus nervosis hirsutis. *Willd. sp. pl. 1. p. 214.*

Gladiolus hirsutus. G. corollæ subringentis laciniæ obovatæ subundulatæ, foliis
ensiformibus villosulis, vaginis pilosis. *Vahl. enum. pl. 2. p. 88.*

B. Multiflorus.

Gladiolus hirsutus var. β. *Gawl. in Curt. bot. mag. 574.* et var. δ. *ibid. 727.*

Gladiolus roseus. G. foliis lanceolatis, tortis rubro marginatis pubescentibus,
floribus roseis odoratissimis. *Andr. bot. rep. t. 11.*

Watsonia amœna. Var. β rosea. *Pers. enchir. 1. 43.*

C. Minor.

Gladiolus hirsutus. var. γ villosiusculus. *Gawl. in Curt. bot. mag. 727. et* 823?

GLAYEUL VELU.

DESCRIPTION.

La tige de ce Glayeul est élancée, haute de six décimètres environ, grêle,
lisse et parfaitement glabre. Elle est accompagnée d'une ou deux feuilles radicales, engaînantes, un peu plus courtes qu'elle, étroites, linéaires, comprimées
en forme de glaive, aiguës, lisérées de rouge, marquées de nervures très-saillantes, couvertes particulièrement sur leur gaîne de poils mous et assez longs, qui
deviennent rares vers leur sommet. Deux ou trois feuilles semblables, mais
ayant leur gaîne beaucoup plus longue et leur limbe assez court, naissent de
la tige elle-même.

Les fleurs, au nombre de deux dans la variété que nous figurons ici, sont
assez grandes, un peu inclinées et de couleur rose. Chacune d'elles est entourée
à sa base par deux bractées foliacées, linéaires, lancéolées, égales entre elles et
longues de quatre à cinq centimètres.

Le tube du périgone, un peu plus long que les bractées, et assez fortement
arqué vers le milieu de sa longueur, s'évase beaucoup dans sa partie supérieure.
Le limbe est presque régulier. Ses divisions sont grandes, larges, étalées, dilatées
vers le haut en manière de spatule, et rétrécies subitement à leur sommet en
une petite pointe, très-peu prononcée dans quelques-unes d'entre elles.

Les étamines sont beaucoup plus courtes que les segments du périgone.
Leurs filaments sont blancs et en forme d'alêne. Les anthères sont redressées,
linéaires, fort longues.

L'ovaire est adhérent, oblong et marqué de six sillons. Il supporte un style
filiforme, un peu plus long que les étamines, et terminé par trois stigmates
linéaires, arqués et étalés.

HISTOIRE.

Le Glayeul velu, introduit depuis une vingtaine d'années au moins dans les
jardins de l'Europe, n'a été cultivé, à ce qu'il paraît, que depuis peu de temps
dans ceux de France. C'est dans celui de M. Gabriel, à Meudon, que nous
avons vu l'individu, qui a servi à notre figure et à notre description.

OBSERVATIONS.

C'est avec quelque doute que nous réunissons, d'après Vahl et M. Gawler,
à la plante que nous venons de décrire, les variétés B et C, qui en diffèrent
par leurs tiges multiflores et par leur périgone, dont les divisions sont beaucoup
plus étroites et moins étalées. Il est probable cependant qu'elles appartiennent
à la même espèce; mais nous avons peine à croire qu'il en soit de même des
autres variétés que M. Gawler a rapportées au *Gladiolus hirsutus*, et surtout de
ses variétés α et β, dont les feuilles sont couvertes de poils presque impercep-
tibles à la vue simple. Nous ne prétendons au reste rien décider à cet égard,
n'ayant pas vu nous-mêmes ces plantes.

Gladiolus Hirsutus

Glayeul Velu

AMARYLLIS CURVIFOLIA.

Fam. des Narcisses. *Juss.*—Hexandrie monogynie. *Lin.*

Amaryllis curvifolia. **A.** petalis oblongis undulatis revolutis, genitalibus corollâ longioribus rectiusculis, foliis strictis lineari-ensiformibus canaliculatis.
Willd. spec. pl. 2. 59. *Pers. enchir.* 1. 354. *Gawl. in Curt. bot. mag. t.* 725.

Amaryllis curvifolia. **A.** spathâ multiflorâ, corollis revolutis, undulatis, pedicellis erectis, foliis sublinearibus, latè canaliculatis, subfalcatis. *Jacq. hort.
Schoenbr.* 1. *p.* 33. *t.* 64.

Amaryllis Fothergilia. **A.** spathâ multiflorâ, petalis lanceolatis apice revolutis,
genitalibus erectis, foliis linearibus subcanaliculatis obtusis glaucis. *Andr.
bot. rep. t.* 163.

AMARYLLIS A FEUILLES RECOURBÉES.

DESCRIPTION.

Cette belle Amaryllis a beaucoup de rapport avec la Guernesienne, qu'elle
égale, si même elle ne la dépasse, quant à la beauté et à l'éclat de ses fleurs.
Elle s'en distingue cependant par des caractères peu saillants, mais assez nombreux, tels que le nombre plus grand de ses fleurs, la forme plus élargie de sa
bulbe, la couleur glauque de ses feuilles, et l'époque de leur développement,
qui se fait simultanément avec celui des fleurs.

La bulbe qui lui donne naissance est arrondie, un peu déprimée, grosse
comme une petite pomme, et couverte d'écailles membraneuses, rougeâtres.
De son sommet naît un faisceau de six ou huit feuilles lancéolées-linéaires,
plus ou moins courbées en forme de faux sur leurs bords, disposées en gouttière
dans leur partie inférieure, planes et étalées dans la supérieure, arrondies au
sommet, glabres et d'une couleur glauque. Elles se développent en même temps
que les fleurs, et continuent à croître jusqu'à leur entier épanouissement, mais
restent cependant toujours plus courtes que la hampe : celle-ci sort à côté d'elles
du sommet de la bulbe et s'élève jusqu'à la hauteur de cinq ou six décimètres.
Entourée à sa base par quelques gaînes écailleuses, courtes et irrégulières, qui
enveloppent également la base des feuilles, elle est nue dans tout le reste de
sa longueur. Elle est droite, glabre, un peu glauque, comprimée dans le bas,
presque cylindrique dans le haut. Les fleurs, au nombre de quinze environ,
forment à son sommet une ombelle assez serrée; elles sont d'une magnifique
couleur écarlate et portées sur des pédicelles assez forts, qui atteignent la
longueur de trois ou quatre centimètres. A la base de l'ombelle est une spathe

à deux valves, ovales-lancéolées, aiguës, d'une couleur rougeâtre et à peu-près de la longueur des pédicelles. Ceux-ci sont séparés par des bractées semblables aux valves de la spathe, mais plus étroites.

Le périgone est régulier, divisé jusques tout auprès de l'ovaire, en six segments, linéaires-lancéolés, longs de cinq centimètres environ, égaux entre eux, légèrement ondulés sur les bords, fortement recourbés en dehors, et même contournés en spirale. Leur sommet se rétrécit assez subitement en une petite pointe, et trois d'entre eux portent en cet endroit une touffe de poils.

Les filaments des étamines sont droits, filiformes, épais, serrés contre le style dans leur partie inférieure, mais s'en écartant un peu dans le haut. Ils participent, ainsi que lui, à la couleur écarlate des segments du périgone, dont ils dépassent un peu la longueur, et avec lesquels ils sont soudés par leur base. Ils sont aussi soudés entre eux dans cet endroit. Les anthères sont d'un violet pourpre, un peu redressées, à deux loges qui s'ouvrent latéralement. Elles diminuent beaucoup de volume et deviennent noirâtres après leur fécondation.

L'ovaire est adhérent au périgone, glabre, de couleur verte, un peu déprimé, marqué de trois sillons. Le style est filiforme, à peu-près droit, et égal en longueur aux étamines.

HISTOIRE.

L'Amaryllis à feuilles recourbées est originaire du Cap de Bonne-Espérance. Il n'y a pas très-long-temps qu'elle a été introduite en Europe ; et l'on en doit la première connaissance à Jacquin. Nous la décrivons d'après un individu qui a fleuri dans les serres du Jardin des Plantes.

EXPLICATION DE LA PLANCHE.

La Plante entière de grandeur naturelle.

1. Une fleur fendue latéralement, et étalée.
2. L'ovaire et le style, avec le pédicelle qui les supporte.

Amaryllis Curvifolia

Amarillis à feuilles recourbées

SISYRINCHIUM TENUIFOLIUM.

Fam. des Iris. *Juss.*—Monadelphie triandrie. *Lin.*

Sisyrinchium tenuifolium. S. radice fibrosâ, floribus umbellatis, scapo compresso nudo, spathâ ventricosâ bivalvi, ovario hispido.

BERMUDIENNE A FEUILLES MENUES.

DESCRIPTION.

Une racine formée de fibres jaunâtres, simples et assez épaisses, donne naissance à des tiges nombreuses réunies en gazon, couchées à leur base, longues de dix à quinze centimètres, comprimées, mais nullement ailées, lisses, glabres, flexueuses et émettant pour l'ordinaire un rameau latéral. Des feuilles radicales comprimées en forme de glaive, extrêmement étroites, un peu charnues, très-glabres, droites et aiguës, entourent en très-grand nombre ces tiges, dont elles dépassent un peu la hauteur, et dont chacune porte une ou deux feuilles semblables, mais plus courtes.

Les fleurs sont réunies cinq ou six ensemble, en ombelles, terminales, qu'entoure une spathe, dont les deux valves, toujours appliquées l'une contre l'autre, sont foliacées, lancéolées, un peu obtuses, concaves, ventrues, relevées en carène sur le dos, et marquées de nervures d'un rouge-violet. Elles sont portées sur des pédicelles filiformes, d'abord très-courts, mais s'allongeant au moment de leur épanouissement, au point d'égaler ou de dépasser un peu la longueur de la spathe. Entre ces pédicelles sont des bractées membraneuses, blanches, qui les enveloppent, et s'enveloppent mutuellement. Il ne s'épanouit qu'une seule fleur à la fois dans chaque ombelle.

Le périgone est jaune, régulier, du diamètre de deux centimètres environ. Il se divise profondément en six lanières lancéolées, concaves, aiguës, égales entre elles, très-étalées et marquées chacune de cinq nervures principales, dont la moyenne est la plus saillante.

Les filaments des étamines, au nombre de trois, sont réunis à leur base en un tube court, hérissé de poils glanduleux. Dans le reste de leur étendue, c'est-à-dire dans plus des trois quarts de leur longueur, ils sont libres, en forme d'alène, glabres et divergents. Les anthères sont oblongues-linéaires, jaunes et redressées.

L'ovaire est adhérent, ovale-triangulaire, avec ses angles un peu obtus. Il est vert et hérissé de poils glanduleux au sommet. Le style, grêle, court et renfermé en entier dans le tube formé par les étamines, se divise en trois stigmates jaunes, en forme de soie, divergents, et égaux en longueur aux étamines.

La capsule, de même forme que l'ovaire, mais presque entièrement glabre, est à trois valves et à trois loges, dont chacune renferme des semences nombreuses, arrondies et supportées par des pédicelles deux fois aussi longs qu'elles.

HISTOIRE.

On cultive depuis deux ou trois ans, au Jardin du Muséum d'Histoire naturelle, cette petite plante, qui a été donnée par M. Zea, avec le nom par lequel nous la désignons. Elle se multiplie facilement; mais l'on ignore encore si elle peut supporter les froids de l'hiver. Elle fleurit pendant tout l'été. Ses fleurs s'épanouissent le matin, et se fanent vers le milieu du jour.

OBSERVATIONS.

Cette espèce de Bermudienne ressemble beaucoup à celle que nous avons fait connaître dans le premier volume de cet ouvrage, sous le nom de *Bermudienne roulée*, mais en diffère par sa petitesse, par ses feuilles plus grêles, par ses pédicelles qui atteignent la longueur des spathes, et surtout par sa tige nullement ailée, ainsi que par les poils glanduleux qui couvrent l'ovaire. Nous profiterons de cette occasion pour relever une erreur grave qui s'est glissée dans la phrase caractéristique de la Bermudienne roulée où le mot *tereti* a été mis pour celui d'*ancipiti*. La tige de cette espèce est très-comprimée et aussi fortement ailée que celle d'aucune autre espèce de Bermudienne connue.

Sisyrinchium Tenuifolium.   Bermudienne à feuilles menues.

P. J. Redouté pinx.

Chapuy sculp.

LILIUM CHALCEDONICUM.

Fᴀᴍ. des Lɪs. *Juss.* — Hᴇxᴀɴᴅʀɪᴇ ᴍᴏɴᴏɢʏɴɪᴇ. *Lɪɴ.*

Lilium Chalcedonicum. L. foliis lineari-lanceolatis sparsis, floribus reflexis, corollis revolutis intùs punctatis. *Willd. sp. pl.* 1. *p.* 87. *Pers. enchir.* 1. *p.* 359.

Lilium Chalcedonicum. L. foliis sparsis lanceolatis, floribus reflexis, corollis revolutis. *Hort. Cliff.* 120. *Hort. Ups.* 81. *Roy. Lugd-b.* 31. *Lin. sp. p.* 434. *Mill. dict. n.* 7. *Scop. Carn. n.* 403. *Kniph. cent.* 3. *n.* 54. *Curt. botan. mag.* 30.

Lilium Chalcedonicum. L. foliis sparsis lanceolatis, caule usque ad apicem folioso, floribus reflexis, corollis revolutis. *Lam. dict.* 3. *p.* 514.

A. Caule unifloro.

Lilium Byzantinum miniatum. *Bauh. pin.* 78. *Tournef. inst.* 371.

Lilium rubrum seu miniatum Byzantinum. *Clus. hist.* 1. 131.

Hemerocallis Byzantina altera. *Lob. ic. t.* 169. *f.* 2.

B. Caule multifloro floribus miniatis.

Lilium Byzantinum miniatum polyanthos. *Bauh. pin.* 78. *Tournef. inst.* 371.

Lilium Byzantinum miniato saturatiore flore polyanthos. *Clus. hist.* 1. 132.

C. Caule multifloro floribus sanguineis.

Lilium pomponium. *Liliac. t.* 7.

Lilium purpureo-sanguineum flore reflexo. *Bauh. pin.* 78. *Tournef. inst.* 371.

Hemerocallis Chalcedonica purpureo-sanguinea polyanthos. *Lob. ic.* 169. *f.* 1.

LIS DE CHALCÉDOINE.

OBSERVATIONS.

Les deux espèces de Lis que Linné a distinguées sous les noms de *Lilium Chalcedonicum*, et de *Lilium pomponium*, sont tellement voisines l'une de l'autre, qu'on peut facilement les confondre : c'est ce qui nous est arrivé dans l'une de nos premières livraisons, dans laquelle nous avons décrit et figuré comme Lis pompon une plante qui paraît être décidément une des variétés du Lis de Chalcédoine. Nous nous empressons de reconnaître cette erreur, qui a été relevée avec beaucoup de raison par M. Gawler, dans la continuation du *Botanical magazine* de Curtis. La plante, dont nous donnons ici la figure, est une autre variété de la même espèce, remarquable par sa tige uniflore. Elle ne diffère d'ailleurs en rien de notre Lis pompon , et s'accorde en tous points avec la description que nous en avons donnée. C'est cette variété que Linné regardait comme le type principal de l'espèce à laquelle elle appartient.

Les caractères par lesquels on a cherché à distinguer le Lis de Chalcédoine du Lis pompon se tirent de la forme plus élargie et plus aplatie des feuilles du premier, de la grandeur un peu plus considérable de ses fleurs, de ses tiges feuillées jusques vers leur sommet, des cils qui bordent la principale nervure de ses feuilles, et enfin des papilles filiformes et glanduleuses qui hérissent l'intérieur des divisions du périgone, et qui remplacent les lames dentelées qu'on observe au même endroit dans le Lis pompon. Les premiers caractères sont insuffisants et peu constants. Les seconds le sont-ils davantage ? c'est ce dont nous doutons beaucoup. Le port général ne fournit pas de meilleure distinction entre les deux espèces ; car il n'y a pas plus de différence entre elles, sous ce rapport, qu'il n'y en a entre les diverses variétés qui constituent chacune d'elles.

HISTOIRE.

Le Lis de Chalcédoine est originaire de Perse et de la plupart des contrées du Levant. On l'a retrouvé dans les montagnes de la Carniole. Il est très-répandu dans les parterres , dont il fait à la fin de l'été l'un des principaux ornements.

Lilium Chalcedonicum.   *Lis de Chalcedoine.*

YUCCA FILAMENTOSA.

Fam. des Lis. *Juss.* — Hexandrie monogynie. *Lin.*

Yucca filamentosa. Y. acaulis, foliis latiusculè-lanceolatis, margine passim filamentosis. *Mich. fl. Bor. Amer. vol.* 1.

Yucca filamentosa. Y. foliis serrato-filamentosis. *Lin. sp. pl.* 457. *Mill. dict. n.* 4. *Desfont. arbres et arbustes.* 1. *p.* 18.

Yucca filamentosa. Y. acaulis, foliis lanceolatis serrato-filiferis. *Pers. enchir.* 1. 378.

Yucca filamentosa. Y. foliis serrato-filiferis. *Willd. sp. pl.* 2. 184.

Yucca foliis lanceolatis acuminatis integerrimis margine filamentosis. *Gron. Virg. éd.* 2. *p.* 53. *Trew Ehret. t.* 37.

Yucca foliis filamentosis. *Moris. hist.* 2. *p.* 419. *sect.* 4. *tab.* 23. *f.* 2.

Yucca Virginiana foliis per marginem apprimè filatis. *Plukn. alm.* 396.

YUCCA A FILAMENTS.

DESCRIPTION.

Cette belle Yucca se distingue facilement des autres espèces connues du même genre par l'absence totale de la tige. Elle sort d'une racine pivotante, qui émet des fibres brunes très-longues et de la grosseur d'une plume d'oie. Ses feuilles, toutes radicales et longues de cinq décimètres environ, sont très-nombreuses, linéaires, lancéolées, fermes, étalées, un peu courbées en gouttière, glabres, légèrement rudes au toucher, aiguës et épineuses au sommet. Elles sont munies sur les bords de filaments capillaires, blancs et écartés, qui paraissent formés par le déchirement des nervures extérieures, et qui ne sont point le prolongement des dentelures de la feuille, ainsi qu'on pourrait le croire, si l'on avait égard à la phrase caractéristique par laquelle Linné a désigné cette plante. La hampe qui supporte les fleurs s'élève à la hauteur de deux, ou même de trois mètres. Elle est droite, cylindrique, de la grosseur du pouce. Il sort de sa partie inférieure quelques folioles courtes en forme de langue, un peu obliques et terminées par une petite pointe.

Les fleurs forment une grappe composée, ou panicule pyramidale, qui occupe près des deux tiers de la hauteur de la hampe. Cette pyramide est composée d'un grand nombre de grappes, portées chacune sur des pédoncules de la longueur de deux ou trois décimètres, qui s'étendent dans une direction presque horizontale, et sont munis à leur base de bractées ovales-lancéolées. Chaque pédoncule supporte au sommet de pédicelles très-courts, quinze ou vingt fleurs pendantes, blanchâtres et assez semblables à des tulipes pour leur forme, aussi-bien que pour leur grandeur.

Les segments du périgone, au nombre de six, sont séparés les uns des autres dans toute leur longueur, et demi-étalés. Les trois extérieurs sont lancéolés, aigus, comprimés et calleux à leur sommet. Ils sont blanchâtres dans la plus grande partie de leur étendue ; mais, en dehors et dans leur partie moyenne, ils sont d'un vert jaunâtre, pâle. Les trois intérieurs, d'ailleurs semblables, sont ovales, concaves, un peu rétrécis en pointe. Il n'y a que l'un d'entre eux qui soit calleux à son extrémité.

Les filaments des étamines sont égaux entre eux, très-épais, surtout à leur partie supérieure, comprimés de dehors en dedans, couverts d'un duvet blanc, serrés contre le style dans leur partie inférieure, et s'en écartant un peu dans la supérieure. Ils ne dépassent guère la moitié de la longueur des segments du périgone. Les anthères sont ovales, jaunes, oblongues, très-petites et placées en travers de la largeur des filaments, de telle manière qu'elles prendraient une position horizontale si l'on redressait la fleur.

L'ovaire est prismatique, allongé, à six faces marquées chacune d'un sillon. Il se dilate un peu vers sa partie supérieure. Le style est très-épais, prismatique, triangulaire et marqué de trois sillons. Il dépasse un peu les étamines et se divise en trois stigmates oblongs, recourbés en dehors et creusés d'une gouttière sur leur face interne.

Nous n'avons pas vu le fruit.

HISTOIRE.

La Yucca à filaments croît communément dans les plages maritimes de la Virginie et de la Caroline. On la retrouve aussi, suivant Michaux, dans les parties les plus occidentales de ces deux États. Nous la décrivons d'après deux individus que nous avons vus en fleur au mois d'août 1809, dans le Jardin de Trianon, où ils avaient été envoyés par M. Michaux fils. Elle fleurit rarement dans nos climats.

Suivant M. Bosc, qui a bien voulu nous donner quelques renseignements sur ce sujet, il en est de même de la Yucca à filaments que des Agaves ; elle ne donne ses fleurs qu'une fois, et périt après cette époque, qui arrive lorsque la plante a atteint l'âge de cinq ou six ans : il y a cependant des exceptions à cette règle ; car les deux pieds que nous avons observés sont encore pleins de vie dans ce moment, c'est-à-dire, six mois après avoir donné leurs fleurs.

EXPLICATION DES PLANCHES.

Planche 277. La Plante entière réduite au quart de sa hauteur.
Planche 278. Diverses parties de la Plante de grandeur naturelle,

    1. Une feuille.
    2. Une grappe de fleurs avec la partie de la hampe qui lui donne naissance.
    3. Un des segments intérieurs du périgone.
    4. Les étamines et le pistil.
    5. L'ovaire, le style et les stigmates.

Yucca Filamentosa　　*Yucca à Filaments*

Yucca *Filamentosa* Yucca *à Filaments*

P. J. Redouté *pinx.* de Gouy *sculp.*

SAGITTARIA SAGITTIFOLIA.

Fam. des Alismacées. *Fl. Fr.*—Monœcia polyandrie. *Lin.*

Sagittaria sagittifolia. S. foliis lanceolatis acuminatis sagittatis, lobis lanceolatis
rectis, scapo simplici. *Willd. sp. pl.* 4. *p.* 408. *Pers. enchir.* 1. *p.* 563.
Sagittaria sagittifolia. S. foliis sagittatis acutis. *Fl. Lapp.* 344. *Fl. Suec.* 780. 869.
Roy. Lugd-b. 493. *Lin. sp. pl.* 1410, exclus. syn. Gronov. *Fl. Dan.* 174. *Gmel.*
Sib. 4. *p.* 207. *Poll. Palat. n.* 907. *Lam. illustr.* 776. *Roth. Germ.* 1. 406 ; 2. 480.
Fl. Fr. édit. 3. *n.* 1889.
Sagittaria sagittifolia. S. foliis sagittatis, capsulis compressis acutis. *Lam. dict.*
2. *p.* 503.
Sagittaria aquatica. *Lam. fl. Franç.* 2. *p.* 197.
Sagitta major. *Scop. fl. Carn.* 1181.
Sagitta foliis acuminatis. *Hall. Helvet.* 1185.

Var. A minor.
Ranunculus palustris folio sagittato minori, et Ranunculus palustris folio sa-
gittato angustiori. *Tournef. inst.* 292.
Sagitta et Sagitta minor angustifolia. *J. Bauh. hist.* 3. 789 *et* 790.
Sagitta aquatica minor latifolia et angustifolia. *Bauh. pin.* 194.
Sagitta. *Camer. épit.* 874.

Var. B major.
Ranunculus palustris folio sagittato maximo. *Tournef. inst.* 292.
Sagitta major. *Camer. épit.* 875. *Tabern. ic.* 743. *J. Bauh. hist.* 790.
Sagitta aquatica major. *Bauh. pin.* 194.

Var. C. foliis variis.
Sagitta aquatica minor foliis variis. *Læs. Pruss.* 234. *t.* 74.
Gramen bulbosum aquaticum. *Bauh. prodr.* 4.

SAGITTAIRE EN FLÈCHE.

DESCRIPTION.

Une racine formée d'une multitude de fibres blanches et brillantes, donne
naissance à des feuilles nombreuses, portées sur des pétioles allongés, triangulaires, très-gros dans leur partie inférieure, rétrécis en pointe vers le haut,
munis vers le bas de deux appendices membraneuses qui embrassent la hampe.
Ces pétioles sont formés à l'intérieur de cellules prismatiques hexagones extrêmement grandes et pleines d'air. Le limbe de la feuille est triangulaire, en
forme de fer de flèche, plus ou moins élargi et aigu, entier sur les bords,
glabre et marqué de nervures saillantes, dont la moyenne est la plus forte. Les
oreillettes ou appendices qui résultent de son échancrure postérieure, sont en
général triangulaires, très-aiguës et aussi longues que le corps même de la
feuille. Quelquefois, et c'est ce qu'on observe particulièrement dans la variété B,
elles sont beaucoup plus courtes et un peu obtuses.

Au milieu de ces feuilles s'élève, à la hauteur de trois à douze décimètres,
une hampe droite ou un peu courbée, anguleuse, nue, glabre, et formée à

l'intérieur de cellules allongées, ou vaisseaux très-amples et pleins d'air. Cette hampe, ainsi que les pétioles des feuilles, a presque toujours sa partie inférieure plongée dans l'eau. Les fleurs forment à sa partie supérieure une grappe simple et terminale. Elles sont supportées par des pédoncules simples, longs de deux ou trois centimètres au plus, disposés trois à trois en verticilles écartés. A la naissance de chaque pédoncule est une bractée membraneuse, lancéolée, très-courte, soudée par sa base avec les deux bractées du même verticille, de manière à former une sorte de collerette d'une seule pièce.

Le périgone est à six divisions profondes, dont trois extérieures, longues de six ou huit millimètres seulement, ovales, concaves, vertes et persistantes, ont l'apparence d'un véritable calice. Les trois autres, beaucoup plus grandes, sont blanches, arrondies, plus larges que longues, entières sur les bords, rétrécies à la base en un onglet très-court, de couleur violette. Elles s'étalent en manière de roue. Les extérieures, d'abord réfléchies en bas, se relèvent après la floraison et embrassent le fruit.

Les fleurs des verticilles supérieurs présentent de trente à quarante étamines, disposées sur un réceptacle un peu conique. Les filaments, longs de deux millimètres environ, blancs et épais, supportent des anthères ovales, aiguës, droites, violettes et formées de deux loges qui s'ouvrent par le dos. Le pollen est jaune, un peu safrané.

Les fleurs inférieures, d'ailleurs semblables, ne contiennent point d'étamines, mais présentent à la place une multitude d'ovaires disposés en tête arrondie. Ces ovaires sont ovales, fortement comprimés, relevés en bosse sur leur bord extérieur et terminés par un style très-court, que surmonte un stigmate aigu et persistant. Ils se transforment en autant de capsules monospermes de même forme qu'eux, et bordées dans tout leur contour d'une aile membraneuse.

La variété C, que nous n'avons pas eu occasion de voir nous-même, est remarquable par ses feuilles, dont la plupart sont linéaires ou lancéolées.

HISTOIRE.

La Sagittaire en flèche croît abondamment au bord des rivières et étangs de toute l'Europe. La variété C a été trouvée en Prusse.

Elle fleurit pendant la plus grande partie de l'été.

EXPLICATION DES PLANCHES.

Planche 279. La Plante entière réduite.
Planche 280. Diverses parties de la Plante de grandeur naturelle.

1. Le haut d'une tige de grandeur naturelle.
2. Une feuille.
3. Une des divisions intérieures du périgone.
4. Une fleur mâle, dont les divisions intérieures du périgone ont été enlevées.
5. Un fruit entier parvenu à maturité.
6. Le même fendu de haut en bas, de manière à montrer le réceptacle.
7. Une des capsules dont la réunion constitue le fruit.

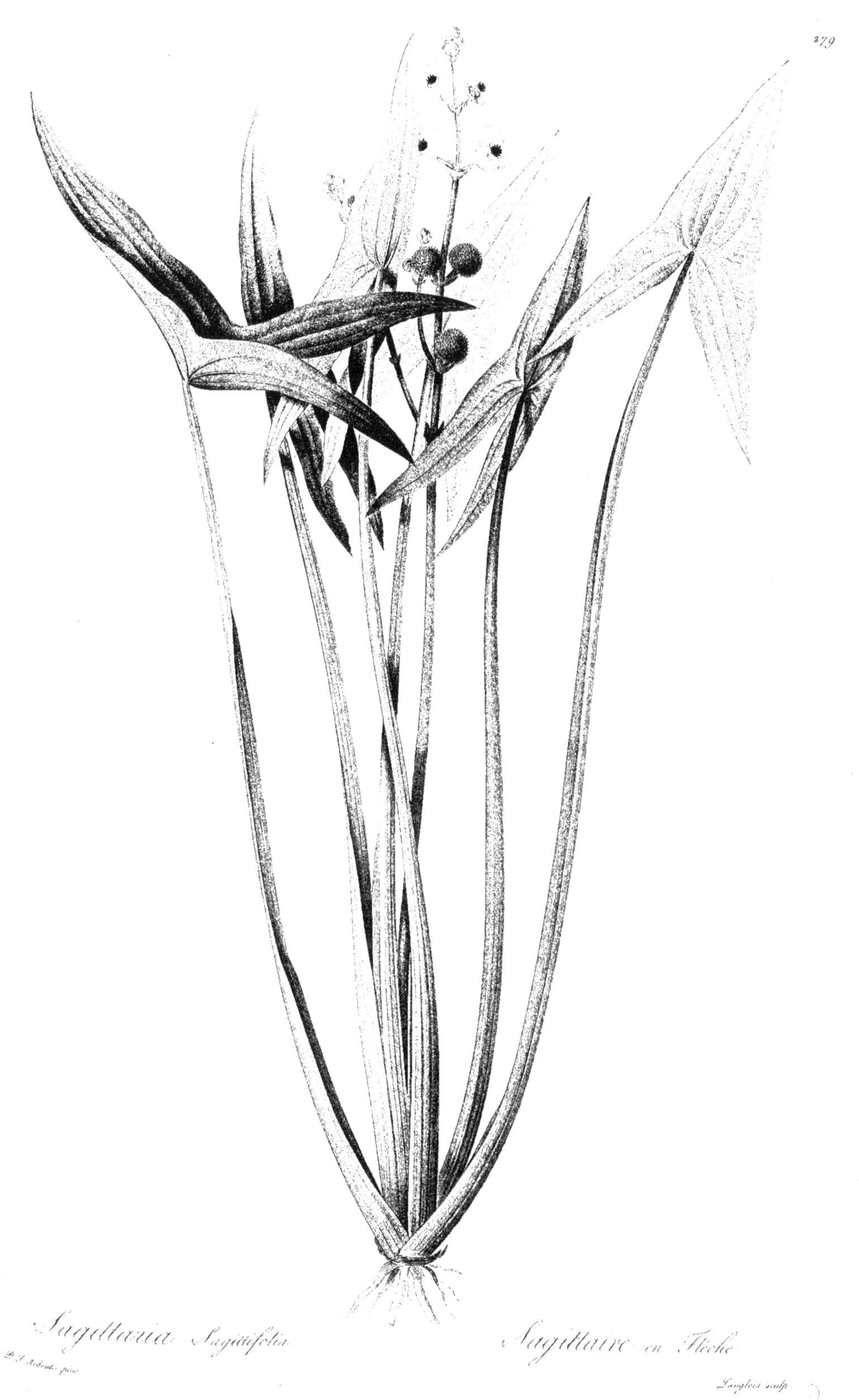

Sagittaria Sagittifolia

Sagittaire en Flèche

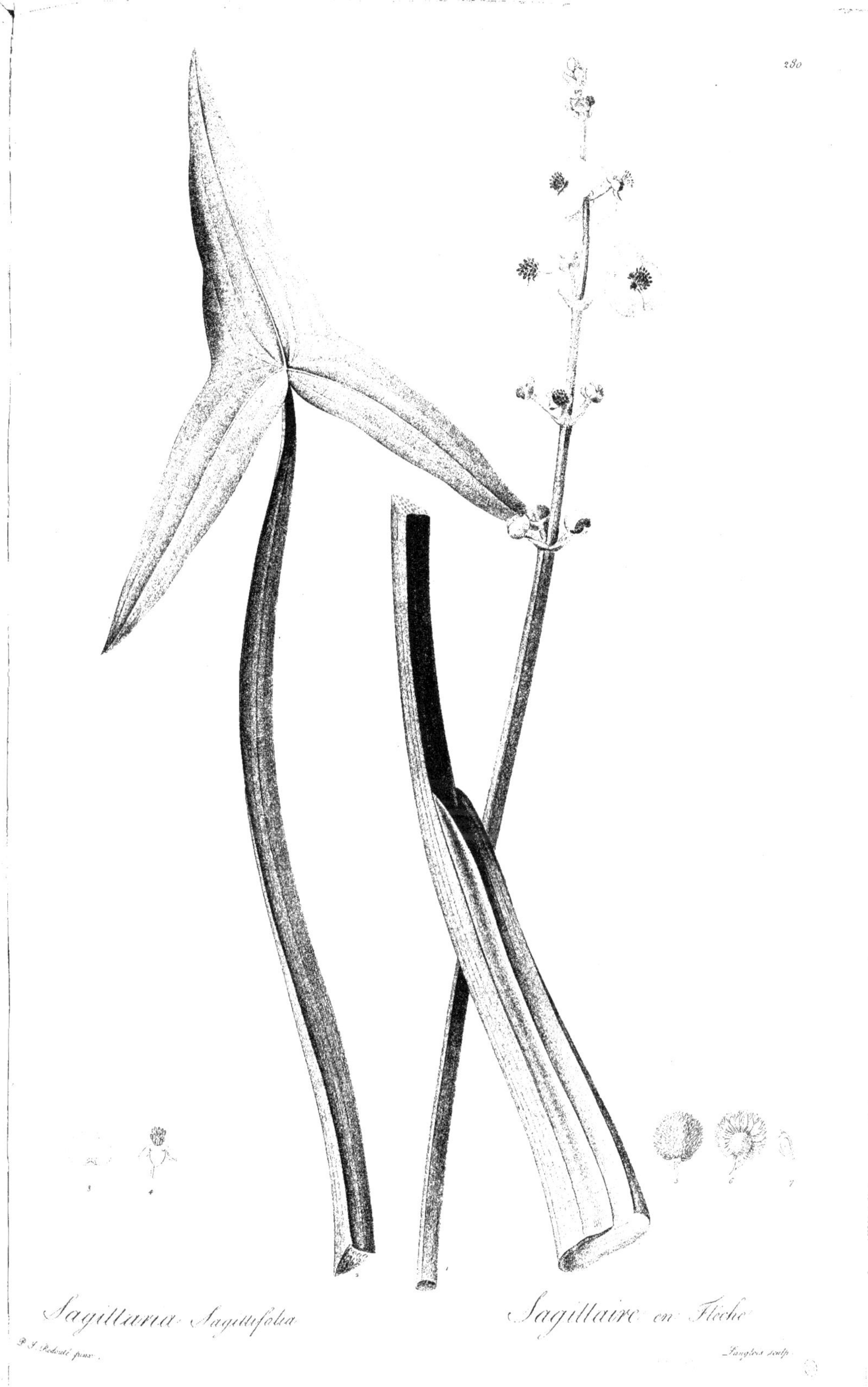

Sagittaria Sagittifolia.

Sagittaire en Flèche.

P. J. Redouté pinx.

Langlois sculp.

ALLIUM ANGULOSUM.

Fam. des Asphodèles. *JUSS.* — Hexandrie monogynie. *LIN.*

Allium angulosum. Allium scapo nudo subancipiti, foliis linearibus, umbellâ
hemisphæricâ densâ, perigoniis patentibus.

Allium angulosum. *Lam. dict.* 1. *p.* 68. *Fl. Fr. éd.* 3. 1958.

Allium narcissifolium. *Scop. Carn. n.* 400. *Vill. Delph.* 2. *p.* 258.

Allium radice senescente transversâ, foliis radicalibus gramineis, floribus umbellatis. *Hall. Helv.* 1227.

Var. A minor, foliis subangulatis.

Allium angulosum. A. scapo nudo ancipiti, foliis linearibus canaliculatis subtùs
subangulatis, umbellâ fastigiatâ. *Hort. Ups.* 79. *Lin. sp. pl.* 430. *Jacq. Austr.*
t. 423. *Mill. dict.* 15. *Roth. Germ.* 1. 147; 2. 384. *Willd. sp. pl.* 2. *p.* 76.

Cepa scapo nudo subangulato farcto, foliis linearibus subtùs angulosis, staminibus corollâ brevioribus. *Gmel. Sib.* 1. *p.* 58. *t.* 14. *f.* 2?

Allium petræum umbelliferum. *Bauh. hist.* 2. *p.* 564.

Allium montanum foliis narcissi minus. *Bauh. pin.* 75.

Allium sive moly narcissinis foliis 2. *Clus. hist.* 196.

Var. B major, foliis planiusculis.

Allium senescens. A. scapo nudo ancipiti, foliis linearibus subtùs convexis
lævibus, umbellâ subrotundâ, staminibus subulatis. *Hort. Ups.* 79. *Lin. sp.*
pl. 430. *Mill. dict. n.* 14. *Roth. Germ.* 2. 385. *Willd. sp. pl.* 2. *p.* 75.

Allium scapo ancipiti teretiusculo, foliis ensiformibus hinc paulò convexioribus.
Gmel. Sib. 1. *p.* 53. *t.* 11. *f.* 2?

Allium umbelliferum pratense. *J. Bauh. hist.* 2. 564.

Allium montanum foliis narcissi majus. *Bauh. pin.* 75.

Allium sive moly narcissinis foliis 1. *Clus. hist.* 195.

AIL ANGULEUX.

DESCRIPTION.

La racine de cet Ail est une souche ligneuse et ramifiée qui s'étend horizon-
talement, en croissant à la manière des tiges, et donne naissance, par l'extrémité de ses rameaux, à des fibres radicales blanches, et à des bulbes ovales-
oblongues et annuelles.

La hampe est nue, droite, glabre, comprimée, avec ses deux angles plus ou
moins tranchants dans sa partie supérieure. Elle s'élève à une hauteur qui varie
entre deux et quatre décimètres.

Les feuilles sont plus courtes que la hampe, larges de cinq à six millimètres, d'un vert glauque, un peu courbées en gouttière, légèrement charnues, glabres, plus ou moins obtuses, et le plus souvent contournées en spirale dans leur partie supérieure. Dans la variété A, elles sont un peu anguleuse sur le dos.

L'ombelle formée par les fleurs, est demi-sphérique, assez fournie et dépourvue de bulbes. Les pédicelles sont longs de douze ou quatorze millimètres et très-légèrement pubescents. La spathe, beaucoup plus courte qu'eux, se déchire en deux ou trois valves irrégulières.

Le périgone est de couleur lilas. Ses segments sont demi-étalés, longs de six millimètres, lancéolés, concaves et obtus.

Les étamines sont un peu plus longues que les segments du périgone à la base desquels elles sont insérées. Leurs filaments sont lilas, en forme d'alêne, simples et égaux pour la longueur. Trois d'entre eux sont dilatés à la base, mais sans aucune échancrure. Les anthères sont ovales et d'un brun violet. Le pollen est jaune.

L'ovaire est blanchâtre, moins haut que large, prismatique, à trois angles obtus et à trois sillons. Le style est lilas, en forme de soie, et beaucoup plus court que les étamines. Le stigmate est simple.

La capsule est de la même forme que l'ovaire. Chacune de ses loges renferme deux graines.

HISTOIRE.

L'Ail anguleux croît dans les montagnes de l'Europe méridionale, et peut-être en Sibérie. La variété A vient particulièrement dans les prés; et la variété B sur les rochers. On cultive cette dernière dans le Jardin du Muséum d'Histoire naturelle.

OBSERVATIONS.

A l'exemple de Haller, de Scopoli et de M. de Lamarck, nous croyons devoir réunir sous un même nom l'*Allium senescens* et l'*Allium angulosum*. En effet, si les synonymes anciens que Linné a rapportés à ces deux plantes leur appartiennent réellement, ce ne sont évidemment que de simples variétés d'une même espèce. Mais en est-il de même des plantes de Sibérie, qui paraissent avoir servi de type aux deux espèces établies par Linné. C'est ce que nous ne prétendons pas décider, ne les ayant pas observées nous-mêmes. Nous nous bornerons à remarquer, qu'à en juger par les descriptions et les figures de Gmelin, elles diffèrent à plusieurs égards, et que ni l'une ni l'autre ne s'accorde exactement avec l'espèce d'Europe, qui semble intermédiaire entre elles.

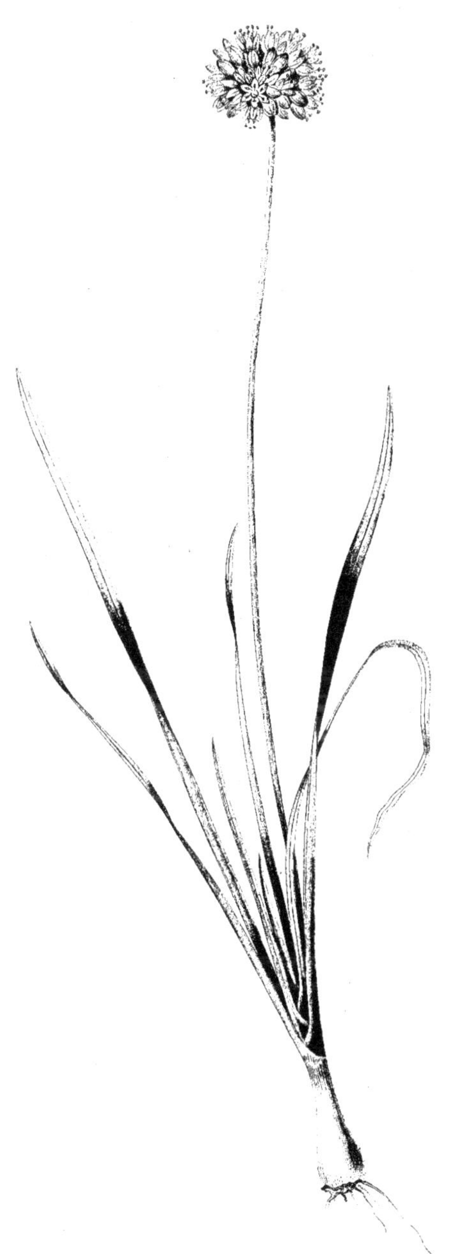

Allium Angulosum. Ail Anguleux.

P. J. Redouté pinx. Chapuy sculp.

SISYRINCHIUM GRAMINEUM.

FAM. des IRIS. *JUSS.*—GYNANDRIE TRIANDRIE. *LIN.*

Sisyrinchium gramineum. S. caule simplici alato, spathis inæqualissimis, flores superantibus. *Lam. dict.* 1. *p.* 408.

Sisyrinchium gramineum. S. caule ancipiti lato, germinibus glabris. *Curt. botan. mag.* 464.

Sisyrinchium anceps. S. caule simplici ancipite sæpiùs aphyllo, spathâ floribus longiore. *Cavan. diss.* 6. *p.* 345. *t.* 190. *f.* 2.

Sisyrinchium anceps. S. scapo ancipiti alato simplici subaphyllo, spathâ subquadriflorâ inæquali floribus longiore, petalis mucronatis, foliis ensiformibus. *Willd. sp. pl.* 3. *p.* 579.

Sisyrinchium angustifolium. *Mill. dict. n.* 2.

Sisyrinchium Bermudiana, var. α. *Lin. sp. pl.* 1353.

Sisyrinchium caule foliisque ancipitibus. *Gron. Virg. éd.* 2. *p.* 140.

Bermudiana graminea flore minore cæruleo. *Dill. Elth.* 49. *t.* 41. *f.* 49.

Sisynrichium cæruleum parvum gladiato caule Virginianum. *Plukn. Alm.* 348. *t.* 61. *f.* 1.

BERMUDIENNE A PETITES FLEURS.

DESCRIPTION.

Cette jolie petite plante, que plusieurs botanistes ont réunie à l'espèce originaire des îles Bermudes, ainsi que nous l'avons dit à l'occasion de cette dernière, s'en distingue cependant par plusieurs caractères essentiels, tels que la simplicité de ses tiges, la petitesse des fleurs, et surtout la disproportion qui règne entre les deux valves de la spathe, dont l'une dépasse les fleurs de près de la moitié de sa longueur.

La souche brune, grêle et rameuse, qui lui sert de racine, donne naissance d'une part à un grand nombre de fibres radicales, et de l'autre à une multitude de feuilles linéaires, droites, comprimées, en forme de glaive, glabres, lisses, aiguës, hautes de dix à quinze centimètres, et larges de deux ou trois millimètres au plus. Des tiges droites, simples pour l'ordinaire ou légèrement rameuses, comprimées et bordées sur leurs angles opposés de deux ailes foliacées, s'élèvent à la hauteur de douze à vingt centimètres entre ces feuilles, avec lesquelles elles semblent se confondre pour leur forme. Chacune d'elle est terminée par une ombelle de trois ou quatre fleurs, qu'entoure une spathe formée de deux valves opposées, foliacées, concaves, fortement comprimées et relevées en carène sur le dos. Celle des deux valves, qui est la plus extérieure, se prolonge en une pointe qui dépasse beaucoup les fleurs; l'intérieure est de la même

longueur que les pédicelles qui les supportent. Ceux-ci sont grêles et presque
entièrement enfermés dans la spathe. Ils sont en outre enveloppés par des
bractées linéaires, blanches et membraneuses.

Le périgone est divisé jusqu'auprès de l'ovaire en six segments égaux entre
eux, très-étalés, de forme linéaire-lancéolée, concaves et rétrécis à leur sommet
en une sorte d'arête. Il est d'un bleu-lilas très-pâle en dehors, et d'un violet
foncé en dedans. La base des segments est marquée d'une tache jaune.

Les filaments des étamines, au nombre de trois, sont soudés ensemble dans
presque toute leur longueur. Ils supportent des anthères jaunes, ovales, obtuses
et redressées.

L'ovaire est adhérent, ovale, avec sa base tournée vers le haut, à trois angles
obtus, glabre et d'un vert brillant. Le style est renfermé dans le tube que
forment les étamines, et terminé par trois stigmates capillaires très-courts.

Le fruit est une capsule à trois loges et à trois valves, de la même forme que
l'ovaire, mais un peu bosselée. Chaque loge renferme cinq ou six graines, dont
la forme est assez semblable à celle d'un quartier de pomme.

HISTOIRE.

La Bermudienne à petites fleurs, indigène du Canada et de la plupart des
Etats-Unis d'Amérique, supporte très-bien en pleine terre, dans nos jardins, les
froids de l'hiver, tandis que la véritable Bermudienne demande à être abritée
pendant cette saison. La facilité avec laquelle elle se multiplie par la division
de ses racines, et l'élégance de ses fleurs, ont engagé quelques particuliers à
l'employer comme bordure dans les jardins d'agrément; mais elle est encore
moins répandue qu'elle ne mériterait de l'être.

Elle fleurit pendant tout l'été, et surtout dans les mois de juin et juillet.
Ses fleurs s'épanouissent le matin, et se fanent vers le milieu du jour.

EXPLICATION DE LA PLANCHE.

La Plante entière de grandeur naturelle.

1. Une capsule entière.
2. Une capsule fendue en travers.
3. Graines.

Sisyrinchium Graminsum   *Bermudienne à petales fleurs.*

P. J. Redouté pinx.

Chapuy sculp.

ANTHERICUM ALOIDES.

Fam. des Asphodèles. *Juss.* — Hexandrie monogynie. *Lin.*

Anthericum aloides. A. foliis carnosis subulatis planiusculis. *Lin. hort. Ups. p.* 83.
  n. 1. *Sp. pl.* 446. *Mill. dict. n.* 5. *Ait. Kew.* 1. *p.* 449. *n.* 11. *Med. botan. Beob.*
  Lam. dict. p. 198. *Decand. et Redout. pl. grasses,* 26.

Anthericum aloides. A. foliis carnosis linguiformi-lanceolatis utrinquè planiusculis. *Willd. sp. pl.* 143. *Pers. ench.* 1. *p.* 369.

Anthericum foliis pulposis, lanceolato-subulatis, supinè excavatis. *Wach. Ultr.*
  304.

Bulbine acaulis. *Hort. Cliff.* 123. *n.* 2.

Phalangium Africanum foliis cepaceis, floribus spicatis aureis. *Boerh. ind. alt.*
  pl. 2. *p.* 133.

Phalangium Capense sessile, foliis aloeformibus pulposis. *Dill. Elth.* 312. *t.* 232.
  f. 300.

Asphodelus Africanus luteus foliis aloes. *Till. hort. Pis. p.* 17.

Ornithogalo affinis Africana, fibrosâ radice, foliis cepæ succulentis, floribus
  spicatis aureis. *Plukn. Amalth. p.* 163.

ANTHÉRIC A FEUILLES D'ALOÈS.

DESCRIPTION.

Une racine rameuse, charnue et un peu ligneuse, donne naissance à des
feuilles nombreuses, étalées, lancéolées, charnues, très-épaisses, convexes en
dessous, planes en dessus, entières sur les bords, aiguës, et le plus souvent
fanées à leur sommet. De l'aisselle de ces feuilles sortent trois ou quatre
hampes longues de trois à six décimètres, grêles, faibles, plus ou moins penchées, glabres, simples et d'une couleur brunâtre dans leur partie supérieure.

Les fleurs forment au sommet des hampes des grappes très-allongées, lâches
dans leur partie inférieure, serrées dans la supérieure. Chacune d'elles est sup-
portée par un pédicelle simple, long de douze ou quinze millimètres, étalé et
muni à sa base d'une bractée linéaire-lancéolée, grêle, de moitié plus courte
que lui.

Les segments du périgone, au nombre de six, sont linéaires-lancéolés, un
peu aigus, séparés jusqu'à leur base, très-étalés et marqués d'une nervure
moyenne, verte. Les trois intérieurs sont un peu concaves et un peu plus
larges que les extérieurs.

Les étamines sont un peu plus courtes que les segments du périgone, à la base desquels elles sont insérées. Leurs filaments sont d'un jaune pâle, hérissés dans presque toute leur longueur de poils roides, glanduleux au sommet et de la même couleur qu'eux ; ils sont nus à leur base et à leur sommet. Les anthères sont ovales, jaunes et vacillantes.

L'ovaire est libre, ovale, à trois angles obtus, surmonté par un style filiforme, dont la longueur atteint celle des étamines. Le stigmate est petit et en forme de tête.

La capsule est de même forme que l'ovaire, et marquée de trois sillons. Elle est à trois valves et à trois loges, dont chacune renferme trois ou quatre graines noires et tetraèdres.

HISTOIRE.

L'Anthéric à feuilles d'aloès est originaire du Cap de Bonne-Espérance. Il est assez répandu dans les jardins de botanique, où on le multiplie de rejetons, et où on l'abrite dans les serres chaudes.

Il fleurit pendant tout l'été. Ses fleurs, qui sont assez durables, se ferment pendant la nuit ; elles s'épanouissent dans le milieu du jour. Leurs segments s'écartent alors les uns des autres subitement, et par un mouvement de ressort.

Anthericum Aloeides   *Antheric à feuilles d'Aloes*

P. J. Redouté pinx.   Langlois sculp.

ANTHERICUM FRUTESCENS.

Fam. des Asphodèles. *Juss.* — Hexandrie monogynie. *Lin.*

Anthericum frutescens. A. foliis carnosis teretibus, caule fruticoso. *Lin. spec. pl.* 445. *Gærtn. de fruct.* 1. *p.* 55. *t.* 16 *f.* 1. *Mill. dict. n.* 4. *Ait. Kew.* 1. *p.* 449. *n.* 10. *Med. botan. Beob. p.* 49. *Lam. dict.* 1. 198. *Decand. et Redout. pl. grasses, n.* 14.

Anthericum frutescens. A. foliis carnosis teretibus, caule fruticoso erecto ramoso. *Willd. sp. pl.* 2. 142. *Pers. enchir.* 1. *p.* 369.

Anthericum caulescens, foliis pulposis teretibus subulatis supinè convexoplanis. *Wach. Ultr.* 305.

Bulbine caulescens. *Lin. hort. Cliff. p.* 122.

Phalangium Capense caulescens, foliis cepitiis succosis. *Dill. Elth.* 310. *t.* 231. *f.* 298.

Phalangium Africanum foliis ficoidis, floribus spicatis aureis. *Boerh. ind. Alt. p.* 134.

Phalangium non ramosum spicatum luteum Promontorii Bonæ Spei, foliis magnis cepæ pulposis. *Plukn. Amalth. p.* 168.

Asphodelus Africanus, foliis cepaceis, flore luteo. *Til. hort. Maur. p.* 20.

Asphodelus Zeylanicus foliis rotundis cepaceis, floribus luteis. *Till. hort. Pis. p.* 17.

ANTHÉRIC FRUTESCENT.

DESCRIPTION.

Cet Anthéric, qui a beaucoup de rapport avec le précédent, sort comme lui d'une racine charnue, rameuse; mais il en diffère en ce qu'il a une véritable tige vivace, tortueuse, tantôt simple, tantôt ramifiée, demi-ligneuse, enfouie en grande partie dans la terre, et couverte par la base des feuilles ou par leurs débris. Les feuilles sessiles et disposées en faisceau au sommet de la tige, sont linéaires, longues de deux ou trois décimètres, charnues, demi-cylindriques, planes en dessus, convexes en dessous, glabres et entières. Elles se rétrécissent graduellement depuis leur base, qui est engaînante et de la grosseur du petit doigt, jusqu'à leur sommet, et se terminent en pointe.

Au milieu du faisceau que forment ces feuilles s'élève une hampe nue, droite, cylindrique, longue de deux ou trois décimètres, et terminée par une grappe de fleurs jaunes, dont les pédicelles tantôt solitaires, tantôt verticillés trois à trois, sont accompagnés de bractées linéaires-lancéolées aussi longues qu'eux. Ces fleurs étant entièrement semblables, d'ailleurs, pour leur disposition, leur forme et leur organisation à celles de l'Anthéric à feuilles d'aloès; nous n'entrerons à leur égard dans aucun détail, pensant qu'il serait inutile de répéter ce que nous avons dit dans l'article précédent.

HISTOIRE.

L'Anthéric frutescent est originaire du Cap de Bonne-Espérance. Il fleurit pendant tout l'été, demande les mêmes soins, et se propage de la même manière que le précédent.

OBSERVATIONS.

Le genre *Anthericum*, tel qu'il avait été établi par Linné, renfermait des espèces extrêmement disparates. Les botanistes modernes en ont retiré avec raison les *Tofieldias* et l'*Abama*, qui appartiennent à des familles différentes, et les Phalangères, qui en diffèrent par leurs fleurs blanches ou rougeâtres, par leurs étamines glabres, et surtout par leur mode de germination; moyennant ces retranchements, le genre est devenu très-naturel. Les espèces qui le constituent, celles du moins dont l'organisation est bien connue, ont toutes, outre les caractères propres à la famille, des racines solides ou fibreuses, des feuilles charnues ou fistuleuses, des fleurs jaunes disposées en grappes simples, un périgone divisé jusqu'à sa base en six segments étalés, des étamines dont les filaments sont barbus, un style filiforme et un stigmate simple. L'embryon est placé dans l'axe même de la graine, et dans le moment de la germination, son lobe pend au moyen d'un filament au côté de la première gaîne. A l'exception d'une espèce qui est originaire de la Nouvelle Zélande, toutes celles que l'on connaît à présent ont été trouvées en Afrique.

Anthericum Frutescens

Antherie Frutescent

P. J. Redouté pinx.

de Gouy sculp.

ALISMA NATANS.

FAM. des ALISMACÉES. *Fl. Franç.* HEXANDRIE POLYGYNIE. *LIN.*

Alisma natans. **A.** foliis ellipticis obtusis, pedunculis solitariis. *Lin. fl. Suec.* 2.
324. *Sp. pl.* 487. *Poll. Palat.* 3. *p.* 319. *app. Roth. Germ.* 1. 163 ; 2. 429. *Gœrtn.*
de fruct. 2. *p.* 22. *Willd. sp. pl.* 2. *p.* 278. *Pers. enchir.* 1. 401. *Fl. Fr. éd.* 3. 1887.

Alisma natans. **A.** foliis ellipticis obtusis, pedunculis solitariis, capsulis striatis.
Smith. fl. Brit. 1. *p.* 402.

Alisma natans. **A.** caulibus filiformibus repentibus ad nodos radicantibus, foliis
radicalibus gramineis angustissimis, caulinis petiolatis ellipticis natantibus.
Lam. dict. 2. *p.* 515.

Damasonium repens potamogetonis rotundifolii folio. *Vaill. act.* 1719. *p.* 29.
t. 4. *f.* 8.

Damasonium radiculas emittens ex geniculis. *Vaill. botan. Paris.* 46.

Ranunculus foliis gramineis et subrotundis. *Petit. gen.* 47.

FLUTEAU NAGEANT.

DESCRIPTION.

La racine de ce joli Fluteau est formée d'un amas de fibres très-longues,
brillantes, blanches ou jaunâtres. Elle donne naissance à des tiges grêles, faibles, rampantes, toujours plongées sous l'eau, et émettant de distance en
distance des faisceaux de feuilles pétiolées, dont les inférieurs sont accompagnés de fibres radicales plus ou moins nombreuses. Les pétioles qui sou-
tiennent les feuilles sont grêles, cylindriques, longs de un à trois décimètres.
Leur limbe, qui nage à la surface de l'eau à la manière des feuilles de nymphæa,
est elliptique, entier sur les bords, obtus et marqué de trois nervures saillantes ;
sa surface supérieure est lisse et brillante. Outre ces feuilles, il en est d'autres
moins apparentes qui naissent de la racine proprement dite, à l'origine de la
tige et qui diffèrent des premières par leur forme. Elles sont sessiles, linéaires,
molles, très-allongées et assez semblables à celles des plantes graminées.

Les fleurs sont solitaires au sommet de pédoncules allongés, qui naissent
de l'aisselle des feuilles caulinaires, le plus souvent au nombre de trois ou quatre
par chaque fascicule. Elles viennent s'épanouir à la surface de l'eau.

Le périgone est très-ouvert, du diamètre de quinze ou dix-huit millimètres,
à six divisions profondes, dont trois extérieures ont l'apparence de folioles
calicinales, tandis que les trois intérieures paraissent être de véritables pétales.

Les trois premières sont petites, vertes, ovales, concaves, obtuses et trois fois plus courtes que les intérieures. Celles-ci sont d'une couleur de chair très-pâle, arrondies et rétrécies à leur base en un onglet jaune fort court.

Les étamines, au nombre de six, sont de la longueur des divisions extérieures du périgone; leurs filaments sont blancs, en forme d'alène, surmontés par des anthères jaunes et ovales-oblongues.

Les ovaires sont ovales, rétrécis au sommet en un style épais très-court, et rassemblés au nombre de huit à dix en une tête ovale-arrondie. Ils se convertissent en capsules de même forme, dont chacune renferme deux graines.

HISTOIRE.

Le Fluteau nageant se trouve dans les mares et fossés de presque toute l'Europe, mais ne paraît être abondant dans aucun pays.

Ses fleurs s'épanouissent pendant tout l'été.

Alisma Natans
Fluteau Nageant
P. J. Redouté pinx.
Langlois sculp.
285

ALLIUM BISULCUM.

Fam. des Asphodèles. *Juss.*—Hexandrie monogynie. *Lin.*

Allium bisulcum. A. scapo nudo, tereti, folia semiteretia, carnosa, utrinquè canaliculata superante; umbellà subsphæricâ; staminibus perigonium obtusum subcampaniforme æquantibus.

AIL A DEUX SILLONS.

DESCRIPTION.

Cet Ail, qui nous paraît constituer une espèce distincte de toutes celles que l'on connaît actuellement, est caractérisé par ses feuilles demi-cylindriques, creusées d'une gouttière sur leurs deux faces, par ses fleurs disposées en ombelle fournie et sphérique, ainsi que par la forme ovale et obtuse des divisions du périgone, dont la longueur égale celle des étamines. Il se rapproche assez par son port de l'Ail civette, mais en diffère par la plupart des caractères que nous venons d'indiquer. Il sort d'une bulbe oblongue, couverte de tuniques violettes. Ses feuilles, grêles, droites, glabres, d'un vert foncé, charnues, pleines, demi-cylindriques, creusées en gouttière sur leur face interne et marquées d'un profond sillon sur le dos, sont disposées en faisceau sur deux rangs opposés. Elles se rétrécissent en pointe à leur sommet. Les deux extérieures n'ont point de sillon dorsal.

L'ombelle que forment les fleurs est assez fournie, presque sphérique, dépourvue de bulbes et située au sommet d'une hampe cylindrique, glabre, droite, haute de deux ou trois décimètres et dépassant un peu les feuilles. La spathe se déchire irrégulièrement en deux valves membraneuses, aussi longues que les pédicelles.

Le périgone est d'un violet pâle, en forme de cloche. Ses divisions sont égales entre elles, ovales, obtuses, demi-étalées. Les trois extérieures sont relevées en carène sur le dos; les trois autres sont à peu près planes.

Les étamines sont égales en longueur au périgone. Leurs filaments sont en forme d'alène, simples, blancs dans le bas, violets dans le haut. Trois d'entre eux sont dilatés à leur base; ils supportent tous des anthères ovales, redressées, violettes, pleines d'un pollen blanchâtre.

L'ovaire est vert, libre, arrondi, à trois angles obtus et à trois sillons. Il est surmonté par un style court et violet que termine un stigmate simple et blanchâtre.

La capsule est prismatique, aussi large que haute, à trois faces, dont chacune est marquée d'un sillon profond. Ses trois loges renferment chacune une ou deux graines, souvent avortées.

HISTOIRE.

L'on cultive depuis peu d'années l'Ail à deux sillons dans le Jardin du Muséum d'Histoire naturelle, où on l'a reçu sous le nom d'*Allium odorum*, nom qui ne peut nullement lui convenir, ainsi qu'il est facile de s'en assurer en le comparant avec la description que Linné a donnée de cette dernière espèce. On ne connaît pas sa patrie.

Il paraît que sa bulbe peut très-bien supporter en pleine terre les froids de nos hivers. Il fleurit dans les mois de juillet et d'août.

Toute la plante exhale une odeur alliacée très-forte, et plus fétide que dans la plupart des autres espèces du même genre.

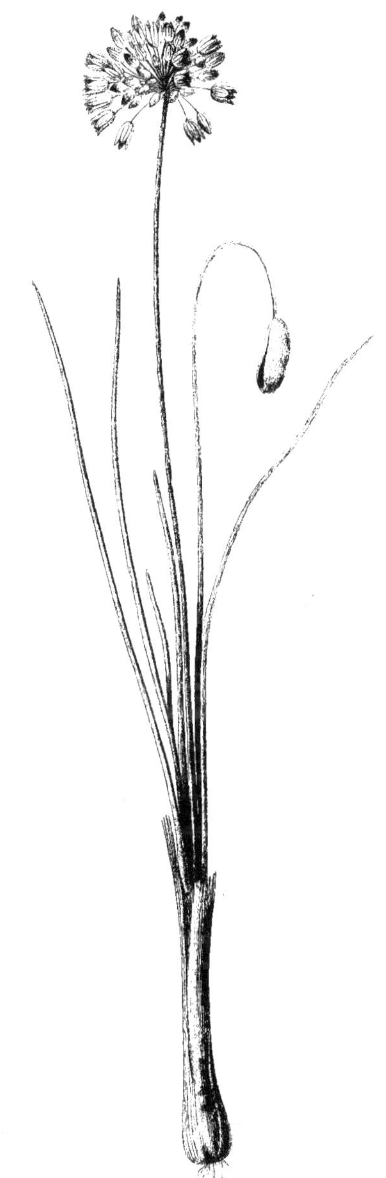

Allium Bisulcum.

Ail à deux sillons.

P. J. Redouté pinx.

Chapuy sculp.

PHALANGIUM RAMOSUM.

Fam. des Asphodèles. *Juss.*—Hexandrie monogynie. *Lin.*

Phalangium ramosum. P. foliis planis, scapo ramoso, corollis planis, pistillo
recto. *Lam. dict. 5. p. 250. Fl. Fr. éd. 3. 1930. Pers. enchir. 1. p. 368.*

Anthericum ramosum. *Lin. sp. pl. 445. Mill. dict. n. 2. Jacq. Austr. t. 161.
Poll. Palat. 334. Scop. Carn. éd. 2. n. 413. Kniph. cent. 12. n. 12. Roth. fl. Germ.
1. 149. 2. 391.*

Anthericum foliis planis, corollis planis deciduis. *It. Gotl. 178. Fl. Suec. 267.
289.*

Anthericum caulibus ramosis, foliis planis. *Guett. Stamp. p. 129.*

Ornithogalum ramosum. *Lam. fl. Franç. vol. 3. p. 279.*

Lis des champs. *Muller, Mém. de la Soc. écon. de Berne*, 1766, *part. 4, p. 87.*

Phalangium radicibus teretibus, foliis gramineis, caule ramoso, laxè panicu-
lato. *Hall. Helvet. 1208.*

Phalangium parvo flore ramosum. *Bauh. pin. 29. Zanichell. Venet. p. 209.
tab. 20. f. 21.*

Phalangium ramosum. *Lob. ic. 47.*

Phalangium majus. *Camer. épit. 580.*

PHALANGÈRE RAMEUSE.

DESCRIPTION.

Des fibres nombreuses, épaisses, charnues, blanches, cylindriques, longues
de deux ou trois décimètres, et étalées comme des pattes d'araignées, forment
la racine de cette plante. Du lieu de leur réunion sortent des feuilles linéaires,
aiguës, étroites, glabres, courbées en carène dans leur partie inférieure, planes
dans le haut, demi-étalées, longues de un à trois décimètres et larges de quatre
à six millimètres.

La hampe, qui supporte les fleurs, s'élève à la hauteur de quatre à six décimètres ; elle est droite, cylindrique, assez grêle, lisse, glabre, simple dans le
bas, rameuse dans le haut. Les rameaux qui en naissent, simples pour la
plupart, et d'autant plus longs, qu'ils sont plus inférieurs, forment par leur
réunion une panicule pyramidale fort lâche. Chacun d'eux est accompagné à
son origine d'une foliole linéaire de grandeur très-variable. Les pédicelles
particuliers des fleurs sont épars, simples, longs d'un centimètre environ, et
munis à leur base d'une petite bractée.

Le périgone est divisé jusqu'à sa base en six segments blancs, lancéolés, concaves, obtus, longs d'un centimètre et étalés en manière de roue.

Les filaments des étamines, de moitié plus courts que les segments du périgone, à la base desquels ils sont insérés, sont blancs, droits, en forme d'alène et terminés par des anthères jaunes, redressées et oblongues.

L'ovaire est libre, jaune et arrondi. Il supporte un style filiforme droit et plus long que les étamines.

HISTOIRE.

La Phalangère rameuse est assez commune sur les collines et au pied des montagnes calcaires de la plus grande partie de l'Europe. On la cultive comme plante d'ornement dans quelques jardins.

Elle fleurit dans les mois de juillet et d'août. Ses fleurs, qui commencent à s'épanouir à sept heures du soir, se referment le lendemain à la même heure pour ne plus se rouvrir. On a remarqué dans les différens périodes de leur développement une régularité telle, qu'on pourrait les employer comme une horloge de Flore.

Phalangium Ramosum

Phalangère Rameuse

ASPARAGUS HORRIDUS.

Fam. des Asperges. *Juss.*—Hexandrie monogynie. *Lin.*

Asparagus horridus. A. caule angulato fruticoso; foliis subulatis, solitariis ter-
natisque spinosis rigidissimis; floribus axillaribus.

A. foliis majoribus.

Asparagus horridus. A. aphyllus, fruticosus, aculeis tetragonis compressis
striatis. *Lin. suppl. p.* 203. *Cavan. ic.* 2. *p.* 30. *t.* 136. *Desfont. Atl.* 1. *p.* 307.
Willd. sp. pl. 2. *p.* 154. *Pers. enchir.* 1. *p.* 371.

Asparagus horridus. A. caule fruticoso angulato, foliis subulatis crassis rigidis
tetragonis apice pungentibus. *Lam. dict.* 1. *p.* 296.

Asparagus Hispanicus aculeis crassioribus horridus. *Tournef. inst.* 300.

B. foliis minoribus.

Asparagus aphyllus. A. caule inermi angulato fruticoso, foliis subulatis striatis
inæqualibus divergentibus. *Pers. enchir.* 1. *p.* 371.

Asparagus aphyllus. A. aphyllus, spinis subulatis striatis inæqualibus divergentibus. *Hort. Cliff.* 122. *Roy. Lugd-b.* 29. *Lin. sp. pl.* 450. *Desfont. fl. Atl.* 1. *p.* 306.
Willd. sp. pl. 2. *p.* 154.

Asparagus phyllacanthus. A. caule fructicoso angulato, foliis fasciculatis subulatis, rigidis inæqualibus pungentibus. *Lam. dict.* 1. 296.

Asparagus aculeatus, alter tribus aut quatuor spinis ad eumdem exortum. *Bauh.
pin.* 490. *Moris. s.* 1. *t.* 1. *f.* 2. *Tournef. inst.* 300.

Asparagus sylvestris alter. *Dod. pempt. ic.* 704.

Corruda altera. *Clus. hist.* 2. *p.* 178.

ASPERGE A GROSSES ÉPINES.

DESCRIPTION.

Au milieu des épines dont cette plante est hérissée de toutes parts on aurait
peine à reconnaître une Liliacée, si l'on ne faisait pas attention à l'organisation
de ses fleurs, par laquelle elle se rattache nécessairement à cette grande famille.
Sa tige est ligneuse, vivace, extrêmement ramifiée, coudée, diversement contournée, plus ou moins glauque, ainsi que toute la plante, presque cylindrique
à sa base, qui est couverte en partie par des écailles semblables aux stipules,
anguleuse et irrégulièrement pentagone dans sa partie supérieure. Les rameaux,
très-nombreux, épars, striés et anguleux, s'écartent à angles droits de la tige.
Ils sont entourés à leur origine par trois écailles ou stipules membraneuses et
lancéolées, dont l'extérieure est en général relevée en bosse à sa base. Les intérieures sont souvent très-courtes et très-peu apparentes. Les feuilles, auxquelles

quelques auteurs ont refusé ce nom, et qui ressemblent en effet à des épines, sont sessiles, comme articulées, roides, épineuses, en forme d'alène, anguleuses, profondément striées et longues de deux à quatre centimètres. Elles sont solitaires ou réunies trois à trois en faisceaux, et entourées à leur base par des stipules semblables à celles qu'on observe à l'origine des rameaux.

Les fleurs sont petites, verdâtres, caduques, extrêmement nombreuses, réunies en bouquet à l'aisselle des feuilles et supportées par des pédicelles longs de cinq à huit millimètres, grêles et articulés vers le milieu de leur longueur.

Le périgone est divisé jusqu'à sa base en six segments ovales-lancéolés, très-étalés, concaves, blanchâtres sur les bords, verts ou rougeâtres dans le milieu.

Les filaments des étamines, au nombre de six, sont blancs, en forme d'alène, épais et un peu plus courts que les segments du périgone. Les anthères sont ovales-arrondies, jaunes et vacillantes.

L'ovaire est libre, ovalaire, surmonté par trois styles blancs, filiformes, plus courts que lui. Les stigmates sont simples.

Le fruit est une baie coriace, noirâtre, arrondie, un peu déprimée, de la grosseur d'un grain de cassis, et renfermant six graines noires, arrondies.

HISTOIRE.

L'Asperge à grosses épines est assez commune sur les rivages de l'Espagne méridionale, du Portugal, de la Barbarie, de la Sicile et de l'Egypte. L'un de nous l'a retrouvée en abondance dans l'île d'Iviça.

On la cultive dans les jardins de botanique, où elle demande à être abritée dans l'orangerie pendant l'hiver. Elle fleurit au mois d'août dans nos climats. Dans son pays natal, elle est en fleurs pendant presque toute l'année.

OBSERVATIONS.

Quelques auteurs ont cherché à distinguer sous le nom d'*Asparagus horridus* et d'*Asparagus aphyllus*, deux variétés de cette plante ; mais, si l'on examine les caractères qu'on leur a assignés, on verra qu'à part la grandeur des feuilles, il n'en est aucun qui établisse de différences entre elles. Cette grandeur est elle-même tellement variable, non-seulement suivant les individus, mais encore suivant l'âge de la plante, que l'on ne doit évidemment y attacher aucune importance. Nous croyons donc devoir réunir ces deux variétés, en adoptant pour leur nom spécifique commun celui d'*horridus*, quoique moins ancien, de préférence à celui d'*aphyllus*, qui présente une idée fausse.

Asparagus Horridus.

Asperge à grosses Épines.

P. J. Redouté pinx.

Langlois sculp.

ALISMA DAMASONIUM.

Alisma damasonium. A. foliis cordato-oblongis, floribus hexagynis, capsulis
subulatis. *Lin. spec. pl.* 486. *Pall. itin.* 1. *p.* 16. *Willd. sp. pl.* 2. *p.* 277. *Fl. Fr.*
éd. 3. 1884. *Smith. fl. Brit.* 1. *p.* 401.

Alisma stellata. A. foliis cordato-oblongis, capsulis senis subulatis stellatis. *Lam.*
dict. 2. *p.* 514.

Damasonium stellatum. D.... *Juss. gen. pl.* 46. *Pers. enchir.* 1. *p.* 400.

Alisma fructu sexcorni. *Hort. Cliff.* 141. *Roy. Lugd-b.* 46. *Sauv. Monsp.* 14.

Plantago aquatica minor stellata. *Raji hist.* 701.

Plantago aquatica stellata. *Bauh. pin.* 190.

Plantago aquatica minor altera. *Lob. ic.* 301.

Damasonium stellatum. *Dalech. Lugd.* 1058. *Tournef. inst.* 257.

FLUTEAU ÉTOILÉ.

DESCRIPTION.

Des fibres blanches, grêles, presque simples, forment la racine de cette
plante. Il en sort un faisceau de feuilles pétiolées, ovales, échancrées à la base,
un peu obtuses, entières, glabres, marquées de trois ou cinq nervures longitudinales, dont la moyenne est la plus forte, et soutenues par des pétioles demi-
cylindriques, dont la longueur égale presque celle des hampes. Celles-ci le
plus souvent, au nombre de deux ou trois sur la même plante, sont cylindriques,
couchées, et longues de six à vingt centimètres.

Les fleurs sont disposées huit à dix ensemble, en verticilles peu nombreux,
formant par leur réunion une espèce de panicule. Les pédicelles qui les supportent sont simples, un peu épais, roides, longs de deux à quatre centimètres,
et plus ou moins dirigés du même côté. A la base de chaque verticille est une
sorte de collerette formée par trois petites bractées verticillées, membraneuses,
lancéolées et rétrécies en pointe.

Les trois divisions extérieures du périgone sont vertes, persistantes, ovales,
concaves, obtuses, assez petites. Les trois intérieures, deux fois aussi longues,
sont d'une couleur lilas pâle, arrondies, et cependant un peu rétrécies en
pointe vers leur sommet.

Les filaments des étamines sont très-courts, blancs et surmontés par des
anthères vacillantes, oblongues.

Les ovaires sont au nombre de six , allongés, triangulaires , un peu comprimés et rétrécis en un stigmate aigu ; redressés pendant la fleuraison , ils se renversent ensuite , et se transforment en autant de capsules uniloculaires, disposées en étoile, et réunies par leur base. Chacune de ces capsules renferme deux graines oblongues, noires, marquées de rides transversales et creusées sur le dos d'un sillon longitudinal.

HISTOIRE.

Le Fluteau étoilé croît sur les bords des mares et étangs. Il est assez commun en France et en Angleterre. On l'a retrouvé en Sibérie, et il est probable qu'il existe, quoique moins abondamment, dans une grande partie de l'Europe. Il fleurit dans les mois de juin et de juillet.

OBSERVATIONS.

Cette plante très-voisine par son port, et la plupart de ses caractères des autres espèces d'Alisma, en diffère par ses fruits moins nombreux et disposés en étoile. M. de Jussieu, suivant en cela l'exemple de quelques anciens auteurs, a cru en conséquence devoir en former un genre à part, sous le nom de *Damasonium*. On ne peut nier que ce genre ne soit suffisamment caractérisé : cependant nous ne l'adoptons pas, soit parce qu'il ne renferme qu'une seule espèce, aussi ressemblante, par son port et son organisation générale, aux autres espèces du genre Alisma, que celles-ci le sont entre elles, soit surtout parce que son établissement n'est nullement nécessaire pour la précision des caractères de ce dernier genre.

Alisma Damasonium.   *Fluteau Étoilé.*

P. J. Redouté pinx.   Langlois sculp.

SANSEVIERA ZEYLANICA.

FAM. des ASPERGES. *JUSS.* — HEXANDRIE MONOGYNIE. *LIN.*

Sanseviera Zeylanica. S. foliis glabris oblongis acutis planis et lineari-lanceolatis canaliculatis, stylo longitudine staminum, bracteis pedunculi longitudine. *Willd. sp. pl.* 2. *p.* 159, excluso synon. Loureir. *Pers. enchir.* 1. *p.* 372.

Sanseviera Æthiopica. S. acaulis, foliis linguiformibus convolutis, racemo
oblongo, floribus erectis. *Thunb. prodr.* 652?

Salmia spicata. S. foliis rigidis canaliculatis maculatis, floribus spicatis. *Cavan.
ic.* 3. *p.* 24. *t.* 246.

Aletris hyacinthoides. var. α. A. acaulis foliis lanceolatis carnosis, floribus gemi-
natis. *Sp. pl.* 456. *Lam. dict.* 1. *p.* 79.

Aloe hyacinthoides. A. floribus sessilibus horizontalibus infundibuliformibus
æqualibus, limbo revolutis. *Sp. pl. éd.* 1 *p.* 321.

Aloe foliis lanceolatis planis rectis radicalibus. *Hort. Cliff.* 132. *Hort. Ups.* 85.
Fl. Zeyl. 130.

Aloe Zeylanica pumila foliis variegatis. *Comm. hort.* 2. *p.* 41. *t.* 21. *Plukn. alm.*
19. *t.* 256. *f.* 5.

Aloe foliis exterioribus lanceolatis planis erectis, radicalibus interioribus longissimis. *Roy. Lugd-b.* 23.

SANSEVIERA DE CEYLAN.

DESCRIPTION.

Une racine épaisse, rameuse, brune, un peu ligneuse, donne naissance, par
sa partie supérieure, à des rejets rampants de la grosseur du pouce, ainsi qu'à
un faisceau de feuilles lancéolées-linéaires, roides, charnues, médiocrement
épaisses, courbées en gouttière, longues de deux à trois décimètres, larges de
quinze à dix-huit millimètres, et se rétrécissant graduellement depuis leur partie
moyenne jusqu'à leur sommet, qui se termine en pointe non épineuse. Ces
feuilles sont un peu glauques, marquées de taches transversales, vertes et bordées d'une aile membraneuse, blanche, extrêmement étroite. Au milieu d'elles
s'élève une hampe épaisse, glauque, haute de quatre ou cinq décimètres, et
chargée intérieurement de quelques bractées ou folioles embrassantes, lancéolées, longues de trois à quatre centimètres, et rétrécies en pointe.

Les fleurs sont très-nombreuses, disposées en une grappe serrée qui occupe
la moitié de la longueur de la hampe. Elles sont d'un blanc verdâtre, redressées,

soutenues par des pédoncules longs de trois à cinq millimètres , et groupées
en faisceaux de quatre ou cinq. Chacun de ces faisceaux est entouré à sa base
par deux bractées, dont l'une inférieure est lancéolée, et deux fois aussi longue
que les pédoncules; l'autre supérieure ou intérieure, est très-courte et échancrée.

Le périgone est dans ses deux tiers inférieurs en forme de tube, grêle, long
de vingt à vingt-cinq millimètres, et un peu renflé dans le bas. Dans le reste de
son étendue, il est divisé eu six lanières égales, linéaires, étroites, très-étalées,
courbées en gouttière, obtuses et blanchâtres.

Les étamines sont insérées à l'entrée du tube du périgone. Leurs filaments un
peu plus courts que les divisions du limbe, sont droits, blancs et filiformes.
Les anthères sont oblongues, droites, d'un jaune citron, et un peu échancrées
au sommet. Leurs deux loges s'ouvrent par leur face interne.

L'ovaire est libre, ovale, à trois angles extrêmement obtus. Il est surmonté
par un style blanc et filiforme, qui dépasse un peu les étamines. Le stigmate
est jaune, un peu en forme de tête, transversalement ovale et échancré supérieurement.

Le fruit, que nous n'avons pas vu nous-mêmes, est, suivant Cavanilles, une
sorte de baie monosperme, ou drupe jaune.

HISTOIRE.

Cette plante, ainsi que son nom l'indique, est originaire de Ceylan. On la
cultive dans les jardins de botanique où elle demande à être abritée pendant
l'hiver dans la serre chaude. L'individu qui a servi à notre description était en
fleur à la fin de l'été.

OBSERVATIONS.

La Sansevicra de Ceylan, ainsi qu'une autre espèce congénère, avait été
placée par Linné, d'abord parmi les Aloès, puis parmi les Alétris. Thunberg
en a fait avec raison un genre à part, qu'ont adopté ensuite la plupart des botanistes, et qui a été également établi par Cavanilles sous le nom de *Salmia*. Les
caractères de ce genre se tirent 1.°, de la forme tubuleuse des fleurs, dont le
limbe se divise en six lanières étalées ; 2.° de l'insertion des étamines qui se fait
à l'entrée du tube du périgone ; 3.° de la structure du fruit, qui est une baie
monosperme.

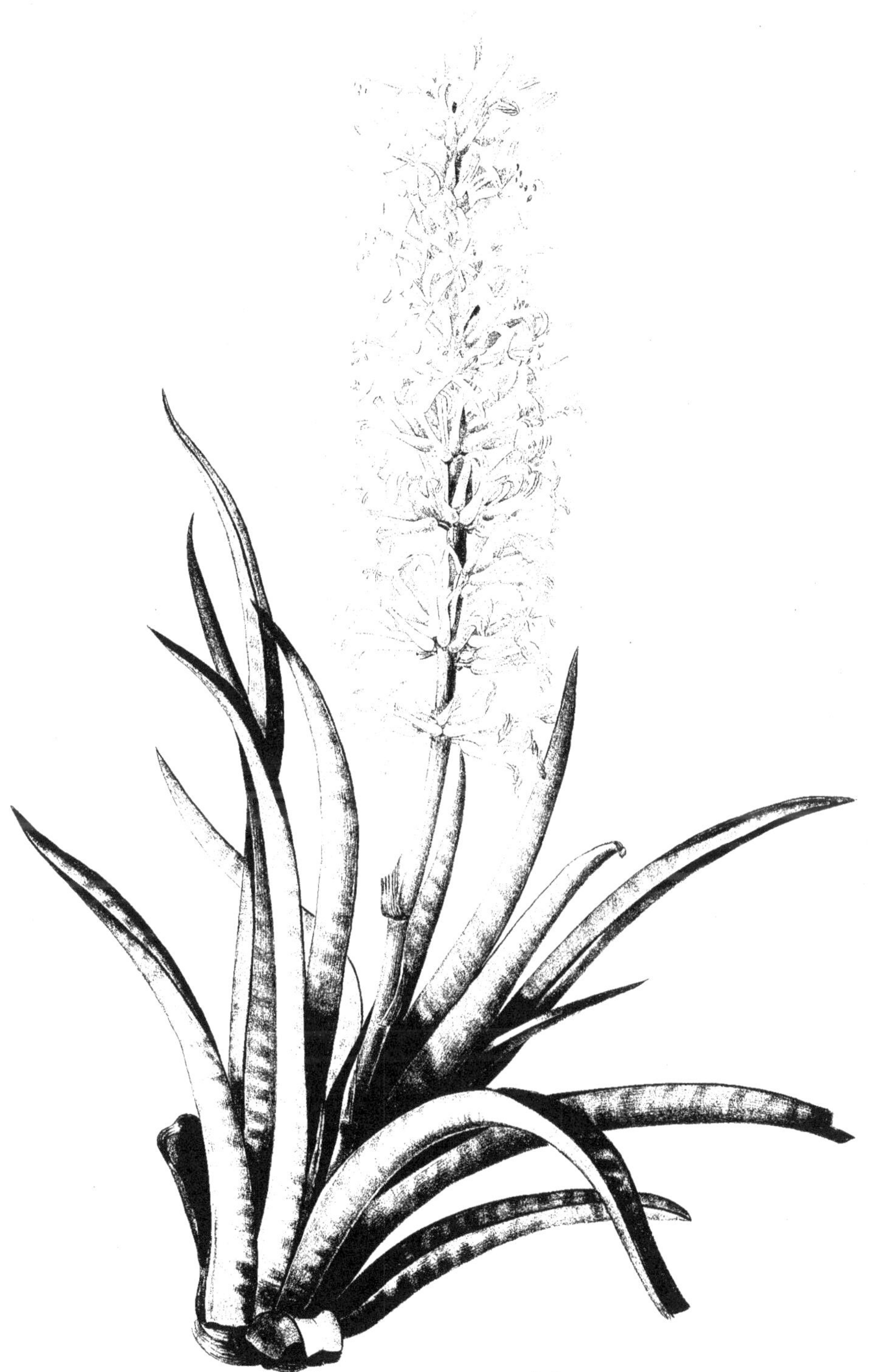

Sanseviera Zeylanica

Sanseviera de Ceylan

P. J. Redouté pinx.

de Gouy sculp.

TRITOMA UVARIA.

Fam. des Asphodèles. *Juss.*—Hexandrie monogynie. *Lin.*

Tritoma uvaria. T. foliis scapo brevioribus rigidis dorso margineque scabris.

Tritoma uvaria. T. foliorum margine carinâque spinuloso-serratâ, spicâ ovali-cylindricâ, corollâ clavato cylindricâ. *Gawl. in Curt. Bot. mag.* 758.

Veltheimia uvaria. V. acaulis foliis ensiformibus canaliculatis carinatis. *Pers. ench.* 1. *p.* 377.

Veltheimia uvaria. V. scapo longiore foliis ensiformibus carinatis. *Willd. sp. pl.* 2. *p.* 182.

Veltheimia uvaria. *Jacq. fragm.* 1. *p.* 7. *t.* 4. *f.* 1.

Aletris uvaria. A. acaulis foliis ensiformibus canaliculatis carinatis. *Lin. syst. nat.* 277.

Aloe uvaria. A. floribus sessilibus reflexis imbricatis prismaticis. *Lin. sp. pl.* 460. *Knorr. del. Hort.* 1. *tab.* A 13. *Mill. dict. n.* 23.

Aloe longifolia. *Lam. dict.* 1. *p.* 90.

Aloe Africana folio triangulari longissimo et angustissimo, floribus luteis fœtidis. *Commel. hort.* 2. *p.* 29. *t.* 15? *Seba. thesaur.* 1. *p.* 29. *t.* 19. *f.* 3.

TRITOMA A LONGUES GRAPPES.

DESCRIPTION.

La racine de cette plante est formée d'un faisceau de fibres nombreuses, fusiformes très-longues, d'une couleur pâle et de la grosseur d'une plume à écrire. Elle donne naissance à des feuilles vivaces, linéaires, allongées, droites, roides, pliées en carène, glabres, vertes et rétrécies graduellement depuis leur base jusqu'à leur sommet, qui se termine en pointe aiguë. Les bords et la carène de ces feuilles sont un peu cartilagineux et finement dentelés en scie; ce qui les rend rudes au toucher.

La hampe qu'elles entourent par leur base s'élève un peu plus haut qu'elles. Elle est lisse, glabre, nue, de la grosseur du doigt, et haute de 6 à 10 décimètres.

Les fleurs, disposées en épis, ou grappes presque cylindriques, extrêmement serrées, sont très-nombreuses, pendantes, soutenues par des pédicelles épais, arqués, longs de cinq millimètres environ. Elles se recouvrent mutuellement comme les tuiles, dont on forme les toits. A la base de chaque pédicelle est une bractée membraneuse, lancéolée, aussi longue que lui.

Le périgone est en forme de tube, presque cylindrique, un peu renflé auprès de son extrémité, qui se divise en six dents arrondies, droites et obtuses. Sa couleur est dans le bas un jaune safrané qui, vers le sommet, passe à l'écarlate.

Les étamines sont insérées au-dessous de l'ovaire, à la base du périgone, dont elles dépassent la longueur. Leurs filaments sont inégaux, filiformes, entièrement libres et légèrement courbés. Les anthères sont arrondies, à deux loges, s'ouvrant par leur face interne.

L'ovaire est libre, vert, ovale, et rétréci à son sommet en un style filiforme, un peu plus court que les étamines. Il se transforme en une capsule ovale-triangulaire, redressée, brune, glabre, à trois loges et à trois valves.

HISTOIRE.

La Tritoma à longues grappes est originaire du Cap de Bonne-Espérance. Elle est assez répandue dans les jardins, où elle demande à être abritée dans l'orangerie.

Elle fleurit au mois d'août.

Tritoma Uvaria

Tritoma à long épi

IRIS VARIEGATA.

Fam. des Iris. *Juss.* — Triandrie monogynie. *Lin.*

Iris variegata. I. corollis barbatis, foliis rugosis viridibus basi purpureis, caule
multifloro foliis subaltiore. *Lam. dict.* 3. *p.* 295.

Iris variegata. I. barbata, foliis ensiformibus glabris æqualibus, scapo multifloro. *Thunb. diss. n.* 8. *Mill. dict. n.* 4. *Knorr. del. hort.* 1. *t. L.* 2. *Jacq. Austr. t.* 5.
Curt. bot. mag. t. 16. *Willd.* 1. *p.* 227. *Pers. enchir.* 1. *p.* 51.

Iris variegata. I. corollis barbatis, caule subfolioso longitudine foliorum multifloro. *Roy. Lugd-b.* 17. *Hort. Ups.* 16. *Lin. sp. pl.* 56. exclus. syn. Ehret.

Iris corollis barbatis, foliis altitudine caulis multiflori. *Hort. Cliff.* 19.

Iris lutea foliis repandis variegatis. *J. Bauh. hist.* 2. *p.* 720.

Iris latifolia Pannonica colore multiplici. *Bauh. pin.* 31. *Tournef.* 359. *Moris.*
hist. 1. *p.* 352. *sect.* 4. *t.* 6. *f.* 9.

Iris major latifolia quindecima. *Clus. hist.* 1. *p.* 221.

Iris lutea variegata. *Lob. hist. p.* 34 ; et *ic. p.* 66.

IRIS PANACHÉE.

DESCRIPTION.

Une racine charnue, noueuse, jaune ou brunâtre, presque inodore, donne
naissance à des feuilles d'un vert gai, comprimées en forme de glaive, larges
de trois ou quatre centimètres, longues de deux ou trois décimètres, plus ou
moins courbées en faux, glabres, entières, aiguës, marquées de nervures très-
saillantes, souvent un peu plissées sur leur longueur et disposées en faisceau sur
deux rangs opposés. La tige qui naît au milieu d'elles, et ne les dépasse que
d'une petite quantité, est cylindrique, rameuse, presque nue, et chargée seulement d'une ou deux feuilles semblables aux radicales.

Les fleurs, au nombre de deux ou trois sur un même rameau, sont terminales et entourées d'une spathe formée par trois ou quatre valves, ovales, concaves, d'un vert pâle, demi-membraneuses, obtuses et longues de trois ou
quatre centimètres.

Le tube du périgone est lisse, cylindrique, plus court que le limbe et entièrement caché dans la spathe. Les divisions extérieures du limbe sont lancéolées, échancrées au sommet, longues de quatre ou cinq centimètres, jaunes et
redressées dans leur partie inférieure, un peu renversées en dehors dans la supérieure, qui est blanchâtre vers le sommet. Elles sont agréablement panachées,

dans toute leur étendue, de stries d'un rouge violet, et leur ligne moyenne est
hérissée dans les trois quarts de sa longueur d'une multitude de filaments jaunes
et divergents. Les divisions intérieures sont en forme de spatule, redressées,
échancrées au sommet, entièrement jaunes, et marquées seulement, dans le
bas, de quelques lignes d'un violet pâle.

Les étamines, dont les anthères sont jaunes, lancéolées, oblongues et les
filaments en forme d'alène, sont cachées sous les stigmates. Ceux-ci sont jaunes
dans toute leur étendue. Leur lèvre interne est divisée en deux lanières lancéolées, pointues, dentelées sur les bords, et longues d'un centimètre.

L'ovaire est ovale, oblong, creusé de six sillons. Il est soudé, ainsi que le
style, au tube du périgone.

HISTOIRE.

L'Iris panachée se trouve naturellement dans les prés secs de l'Autriche et
de la Hongrie. On la cultive dans un grand nombre de jardins, à cause de la
beauté de ses couleurs.

Elle fleurit au mois de juin.

Iris Variegata. · *Iris Panachée.*

P. J. Redouté pinx.

Bessin sculp.

CROCUS SUSIANUS.

Fam. des Iris. *Juss.*—Triandrie monogynie. *Lin.*

Crocus Susianus. C. spathâ bivalvi, tunicis bulbi grossè reticulatis, laciniis exterioribus floris extrorsùm revolutis.

Crocus Susianus. C. pauciflorus bulbo grossè reticulato, maculis irregularibus apertis; laciniis extimis corollæ suprà persistenter revolutis; stigmatibus antheras semi-superantibus. *Gawl. in Curt. bot. mag.* 652.

Crocus vernus latifolius flavo varius. *Rud-b. Elys.* 121. *f.* 4. ex Gawl.

Crocus vernus latifolius flavo varius. *Bauh. pin. p.* 66.

Crocus vernus luteus versicolor. *Park. Parad. p.* 166. *n.* 24. *t.* 163. *f.* 11.

Crocus vernus aureus variegatus. *Hort. Eyst. hyem. t.* 2. *f.* 3.

Crocus vernus latifolius flavo vario flore. *Clus. hist.* 206.

SAFRAN DE SUSE.

DESCRIPTION.

La bulbe de ce Safran ressemble beaucoup à celles du Safran printanier, mais les tuniques qui la recouvrent sont formées de fibres beaucoup plus grossières et plus écartées. Elle émet des fibres radicales assez épaisses et peu nombreuses.

Les feuilles ont également beaucoup de rapport avec celles du Safran printanier, mais sont un peu plus longues et plus étroites. Elles sont, comme elles, linéaires, aiguës, glabres, creusées de deux sillons sur le dos, et marquées d'une ligne blanche, un peu enfoncée sur la surface supérieure. Les gaines membraneuses qui enveloppent leur partie inférieure sont blanchâtres et d'une longueur très-variable.

Entre ces feuilles s'élèvent une ou deux hampes fort courtes entièrement cachées, et uniflores. Les fleurs qui les surmontent sont enveloppées dans une spathe formée de deux bractées membraneuses, blanches, engaînantes, presque égales entre elles, terminées en pointe, et presque aussi longues que le tube du périgone. Celui-ci est grêle, anguleux, violet, un peu arqué et nu à son entrée. Le limbe est d'un jaune orangé, plus petit que dans la plupart des autres espèces du même genre. Ses divisions sont lancéolées, linéaires, un peu aiguës et égales entre elles. Les trois extérieures ont la partie moyenne de leur face externe marquée sur le dos de lignes violettes plus ou moins serrées. Elles se recourbent en dehors et se roulent même dans ce sens, lors de l'épanouissement de la fleur, pour rester dans cet état jusqu'au moment où elles se fanent. Les trois intérieures sont droites, planes et entièrement jaunes.

Les étamines ne dépassent guère la moitié de la longueur des divisions du périgone. Leurs filaments sont en forme d'alène, d'un jaune pâle, et insérés à l'entrée du tube du périgone. Ils supportent des anthères linéaires, droites, obtuses, d'un jaune orangé.

L'ovaire est sessile, adhérent, irrégulièrement prismatique, de couleur violette, surmonté par un style filiforme. Les stigmates sont de couleur safranée, allongés, roulés en manière de cornet, et dilatés vers la partie supérieure, qui est dentelée, mais non déchiquetée : quelquefois ils atteignent la longueur des segments du périgone ; d'autres fois ils ne dépassent pas les étamines.

HISTOIRE.

Nous ignorons quelle est la patrie du Safran de Suse. Il est probable cependant qu'il est originaire des environs de Constantinople, d'où l'Écluse en avait reçu des bulbes les premières, suivant toute apparence, qui aient été apportées en Europe. On le cultive dans les parterres, où on le connaît sous le nom de *Safran jaune de Hollande*. Il y est moins répandu que le Safran jaune, et fleurit un peu plutôt, c'est-à-dire, dans nos climats, au mois de février.

OBSERVATIONS.

Ce Safran, que M. Gawler a le premier, parmi les botanistes modernes, reconnu pour une espèce distincte, pourrait facilement être confondu avec le Safran à fleurs jaunes, si l'on n'avait égard aux caractères suivants qui l'en distinguent. Sa couleur est d'un jaune plus orangé, avec des lignes violettes beaucoup plus marquées. Sa fleur est plus petite, et s'épanouit plutôt. Les segments extérieurs du périgone se renversent et se roulent même en dehors dans l'épanouissement de la fleur. Les intérieurs ne sont presque point concaves. Les stigmates sont d'une couleur de Safran, et simplement dentelés au sommet. Enfin les tuniques de la racine sont formées de fibres grossières assez écartées.

Crocus Susianus.

Safran de Suse.

P. J. Redouté pinx.

Chapuy sculp.

Crocus Biflorus.

Safran à deux fleurs.

CROCUS BIFLORUS.

Fam. des Iris. *Juss.* — Triandrie monogynie. *Lin.*

Crocus biflorus. C. spathâ bivalvi ; bulbo tecto tunicis putaminois lævigatis circinatò imbricatis.

Crocus biflorus. C. bulbo-tubere tecto tunicis lævigatis putamineis circinatim imbricatis ; corollæ fauce nudo. *Gawl. in Curt. bot. mag.* 845.

Crocus biflorus. C. foliis angustissimis effusis flores semper superantibus. *Andr. bot. repos. tab.* 362.

Crocus biflorus. C. spathâ biflorâ corollæ tubo tenuissimo. *Mill. dict. éd.* 8. *n.* 4.

Crocus vernus striatus vulgaris. *Park. Parad.* 162.

SAFRAN A DEUX FLEURS.

DESCRIPTION.

Au premier aspect, cette jolie petite plante a beaucoup de ressemblance avec certaines variétés du Safran printanier. Elle en diffère cependant par plusieurs caractères essentiels, ainsi qu'il sera facile d'en juger en comparant la description succincte que nous allons en donner avec celle que nous avonsprécédemment donnée du Safran printanier.

Le tubercule radical est assez gros, un peu déprimé, recouvert d'écailles circulaires, embriquées, coriaces, brunes et parfaitement lisses, dont la plus extérieure forme une zone étroite. Les feuilles, absolument semblables d'ailleurs à celles du Safran printanier, sont un peu plus étroites et plus longues. Les fleurs le plus souvent, au nombre de deux ou trois dans chaque groupe de feuilles, sont entourées chacune par une spathe à deux valves membraneuses, égales entre elles. Le tube du périgone est très-étroit, dépourvu de poils à son entrée. Les divisions du limbe sont blanchâtres, droites et concaves. Les trois extérieures sont marquées en dehors, dans toute leur longueur, de trois ou cinq lignes violettes, larges et dentelées. Le stigmate est court, droit, d'une couleur orangée.

HISTOIRE.

L'on cultive dans un grand nombre de parterres le Safran à deux feuilles, mais on ignore son origine. Il fleurit au mois de mars.

OBSERVATIONS.

Linné, qui probablement ne connaissait que le Safran printanier, avait indiqué une spathe univalve comme l'un des caractères du genre. M. Gawler a relevé cette erreur, mais en a commis une non moins grave, en attribuant à toutes les espèces de Safran une spathe à deux valves ; car s'il en est qui soient dans ce cas, il en est d'autres aussi chez lesquelles cette enveloppe n'a qu'une valve. Cette distinction fournit un excellent caractère pour la séparation des espèces. Nous en profiterons dans le tableau suivant que nous donnons de celles de ces espèces qui sont actuellement connues.

* *Spathe à une valve.*

S. printanier. Feuilles linéaires ; entrée du tube du périgone hérissée de poils ;
stigmates courts, de couleur orangée un peu découpés au sommet ; fleurs
blanches ou violettes, ou mélangées des deux couleurs, s'épanouissant au
printemps.

> Crocus sativus. var. B. *Lin.* Crocus vernus. *Liliacées. t.* 266.
> Originaire des montagnes de la plus grande partie de l'Europe.

S. nain. .... Feuilles filiformes ; stigmates découpés au sommet ; fleurs violettes, panachées de blanc, s'épanouissant au printemps.

> Crocus minimus. *Liliac. t.* 81.
> Originaire de Corse et du midi de la France.

S. d'automne. Feuilles linéaires ; tube du périgone très-court ; stigmates allongés,
roulés en cornet ; fleurs s'épanouissant en automne.

> Crocus autumnalis. *Mill. dict. n.* 2. *Poiret dict. vol.* 6. *p.* 388.
> Originaire des montagnes du midi de l'Europe. Nous ne l'avons pas vu nous-mêmes.

S. découpé. ... Feuilles linéaires ne commençant à se développer qu'après la floraison ; tube du périgone très-long ; stigmates découpés en un grand nombre
de lanières très-fines ; fleurs d'un rose lilas, ne s'épanouissant qu'en automne.

> Crocus multifidus. *Ram. bullet. philom. n.* 48. *t.* 8. *f.* 2. *Fl. Franç. éd.* 3. 2002.
> Crocus nudiflorus. *Smith. fl. Brit. p.* 41.
> Originaire des montagnes d'Angleterre, des Alpes et des Pyrénées.

** *Spathe à deux valves.*

S. cultivé. .... Stigmates très-allongés pendants en dehors de la fleur ; tube du
périgone très-long ; fleurs violettes veinées de rouge, s'épanouissant en
automne.

> Crocus sativus. var. α. *Lin. sp. pl.* 50. Crocus sativus. *Liliacées. t.* 173.
> Originaire du Levant, cultivé en grand dans plusieurs contrées de l'Europe.

S. à deux fleurs. Stigmates droits, courts, dentés et de couleur orangée ; tubercule
radical couvert de tuniques lisses, en forme d'anneaux ; toutes les divisions
du périgone droites et concaves ; fleurs blanches rayées de violet, s'épanouissant au mois de mars.

> Crocus biflorus. *Mill. dict. n.* 4. *Liliac. t.* 294.
> Sa patrie est inconnue. On le cultive dans les parterres, ainsi que les deux suivans.

S. de Suse. ... Stigmates droits, courts et dentés ; tuniques du tubercule radical
formées de fibres grossières, écartées et entrecroisées ; divisions extérieures
du périgone fortement recourbées et roulées en dehors ; fleurs d'un jaune
orangé, rayées de violet, s'épanouissant au mois de février.

> Crocus Susianus. *Gawler in Curt. bot. mag.* 652. *Liliac. t.* 293.
> Originaire des environs de Constantinople ?

S. à fleurs jaunes. Stigmates d'un jaune pâle, droits, courts et découpés ; tuniques
du tubercule radical formées de fibres fines, serrées ; toutes les divisions du
périgone droites et concaves ; fleurs jaunes s'épanouissant au mois de mars.

> Crocus luteus. *Lam. illustr. p.* 443. *Liliac. t.* 196.
> Originaire des environs de Belgrade.

IRIS VIRESCENS.

Fam. des Iris. *Juss.*—Triandrie monogynie. *Lin.*

Iris virescens. I. barbata, caule unifloro, folia gladiata linearia subæquante ;
petalis oblongis, obtusis, tubo longioribus ; stigmatibus acuminatis ; germine
oblongo, subsessili.

IRIS VERDATRE.

DESCRIPTION.

La tige de cette Iris est droite, cylindrique, haute de deux à trois décimètres,
couverte en grande partie par les gaînes des feuilles. Celles-ci, la plupart radicales, sont nombreuses, comprimées en forme de glaive, linéaires, glabres,
aiguës, presque droites, larges de douze à quinze millimètres, et de la même
hauteur que la tige. Les feuilles caulinaires sont peu nombreuses et plus petites
que les autres.

Au sommet de la tige est une fleur unique, jaunâtre, qu'entoure une spathe
à deux valves, lancéolées, aiguës, concaves, foliacées dans le bas et membraneuses dans le haut.

Le tube du périgone, presque entièrement caché dans la spathe, est grêle,
vert, cylindrique, à peu près égal en longueur, en y comprenant l'ovaire, aux
divisions du limbe. Celles-ci sont égales entre elles. Les trois extérieures sont lancéolées, renversées en dehors, entières et arrondies à leur sommet, un peu ondulées sur les bords, hérissées, dans la moitié inférieure de leur ligne moyenne,
de filaments jaunes, longs de deux millimètres environ. Elles sont d'une couleur
lilas dans leur partie supérieure, et jaunes dans le bas, avec des veines violettes.
Les divisions intérieures sont droites, en forme de spatule, ondulées sur les bords,
échancrées au sommet. Leur couleur est un jaune très-pâle, un peu verdâtre,
avec des veines violettes dans le bas.

Les filaments des étamines sont blancs, en forme d'alêne, et assez épais. Ils
supportent des anthères linéaires, redressées.

L'ovaire est oblong, grêle et très-peu distinct du tube du périgone ; le pédoncule qui le supporte n'a qu'un ou deux millimètres de longueur ; les stigmates
sont blancs et lancéolés ; leur lèvre extérieure est extrêmement courte. L'intérieure se divise en deux lobes rétrécis au sommet en pointe aiguë, et dentelés
sur le bord.

HISTOIRE.

Nous figurons et décrivons l'Iris verdâtre d'après des individus cultivés dans le jardin de M. Vilmorin, à Paris. Nous ignorons quelle est sa patrie. Elle fleurit à la fin d'avril.

OBSERVATIONS.

C'est avec quelque doute que nous décrivons l'Iris verdâtre comme une espèce nouvelle, distincte de celles que l'on connaît jusqu'à présent. Elle a en effet beaucoup de rapport avec l'Iris jaune, dont nous avons donné la figure dans l'une de nos précédentes livraisons. Cependant, comme elle en diffère par la hauteur beaucoup plus considérable de sa tige, par ses fleurs d'un jaune pâle tirant sur le verdâtre, et par quelques autres caractères peu saillants, mais assez importants, tels que le peu de longueur du pédoncule qui supporte l'ovaire, la forme allongée de celui-ci et la terminaison en pointes aiguës des stigmates, nous avons cru devoir l'en séparer pour le moment, laissant aux botanistes, qui auront occasion d'en observer un grand nombre d'individus, à déterminer si ces caractères distinctifs sont bien constants. On ne peut confondre notre plante avec l'*Iris naine*, dont elle diffère par l'élévation à laquelle elle parvient, ainsi que par le peu de longueur du tube, de la fleur et des barbes dont sont hérissées les divisions extérieures.

P. J. Redouté pinx.

Langlois sculp.

IRIS ARENARIA.

Fam. des Iris. *Juss.*—Triandrie. monogynie *Lin.*

Iris arenaria. I. barbata, scapo bifloro foliis angusto-ensiformibus breviore,
spathâ tubo longiore, flore terminali abortiente. *Willd. hort. Berol.* 1. *p.* 62.
Iris arenaria. I. barbata, scapo bifloro foliis ensiformibus breviore, flore supe-
riore abortiente. *Waldst. et Kitaib. pl. rar. Hungar. p.* 57. *t.* 57. *Pers. enchir.* 1.
p. 51.

IRIS DES SABLES.

DESCRIPTION.

Cette espèce est la plus petite, ou du moins l'une des plus petites du genre
nombreux auquel elle appartient. Sa racine est formée par la réunion de plusieurs tubercules brunâtres, charnus et irrégulièrement ovales, qui émettent
des fibres épaisses, un peu fusiformes, d'un blanc sale, et longues d'un décimètre. Il en sort plusieurs tiges simples, droites, entièrement cachées par les gaînes
des feuilles, et longues de trois à quatre centimètres au plus.

Les feuilles sont toutes radicales, au nombre de deux ou trois dans chaque
fascicule, comprimées en forme de glaive, linéaires, droites ou courbées en
forme de faux. Elles s'élèvent à un décimètre environ dans les fascicules stériles, mais ne dépassent pas la fleur dans ceux qui en renferment une.

Les fleurs, presque toujours au nombre de deux sur chaque tige, sont jaunes
et soutenues par des pédicelles épais, longs de trois à cinq millimètres seulement.
L'une d'elles est stérile, l'autre est fertile. Elles sont entourées d'une spathe à
trois valves, dont deux extérieures, et la troisième moyenne. Les premières
sont opposées, foliacées, inégales, lancéolées, aiguës, concaves, un peu renflées
et relevées en carène sur le dos. L'intérieure est plissée et fendue à l'extrémité.

Le périgone est d'un jaune pâle ; ses divisions sont toutes obtuses, échancrées et un peu crénelées au sommet. Les trois extérieures, un peu plus larges,
se courbent en dehors et sont barbues jusqu'au-delà du milieu de leur longueur.
Les trois intérieures sont redressées et ondulées dans leur partie inférieure.
Le tube est très-court.

Les stigmates sont plus courts que les divisions du périgone ; leur lèvre extérieure est tronquée et blanchâtre. L'intérieure, d'un jaune pâle, est partagée
en deux lobes ondulés, dentelés au sommet, et quelquefois même découpés.
Au dessous des stigmates sont les étamines, dont les filaments blancs supportent
des anthères d'un gris rougeâtre presque aussi longues qu'eux. Le pollen est
jaune.

L'ovaire est allongé, à trois angles obtus, avec deux sillons sur chaque face. Il se transforme en une capsule ovale, oblongue, aiguë, un peu triangulaire, dont les loges renferment des semences ovales, brunes et rugueuses.

HISTOIRE.

L'Iris des sables se trouve dans les lieux arides et sablonneux de diverses parties de la Hongrie. On la cultive depuis peu au Jardin du Muséum d'Histoire naturelle, où elle fleurit au mois d'avril.

EXPLICATION DE LA PLANCHE.

La Plante entière de grandeur naturelle.

1. Une fleur détachée, dont les segments extérieurs ont été enlevés.
2. Une des divisions extérieures du périgone.

Iris Arenaria.   *Iris des Sables.*

LACHENALIA LUTEOLA.

Fam. des Asphodèles. *Juss.*—Hexandrie monogynie. *Lin.*

Lachenalia luteola. L. foliis geminis elongato-lanceolatis subimmaculatis, scapo erecto, corollis propendulis cylindricis cum limbo petalorum interiorum patentissimo. *Jacq. ic. rar.* 2. *t.* 395. *Collect.* 4. *p.* 148. *Pers. enchir.* 1. 377.

Lachenalia luteola. L. corollis cylindraceis pedunculatis pendulis, petalis interioribus longioribus emarginatis patentissimis, bracteis acutis, foliis oblongo lanceolatis. *Willd. hort. Berol.* 1. 380.

Lachenalia tricolor. *Curt. bot. mag.* 82 ?

Lachenalia tricolor var. β. *Willd. sp. pl.* 2. *p.* 179. *Liliac. n.* 3.

LACHÉNALE JAUNATRE.

DESCRIPTION.

Ayant eu occasion d'observer nous-mêmes, en dernier lieu, un grand nombre d'individus de cette plante, que nous avions regardée autrefois comme une variété de la Lachénale tricolore, nous nous sommes assurés qu'elle forme une espèce distincte facilement reconnaissable, entre autres caractères, à l'absence des taches noirâtres, sur les feuilles et les hampes, à ses fleurs plus étroites et à la longueur du style qui dépasse toujours les étamines. Sa racine est une bulbe ovale-arrondie, grosse comme une noisette, couverte de tuniques d'un blanc sale, et entourée de cayeux à sa base, qui émet des fibres nombreuses, blanchâtres, fusiformes, et simples pour la plupart. Du haut de cette bulbe sortent deux, ou plus rarement trois feuilles linéaires-lancéolées, obtuses, longues de deux à trois décimètres, larges de deux à quatre centimètres, étalées, courbées en gouttières à la base, glabres et sans taches. Au milieu d'elles s'élève, à la hauteur de trois décimètres environ, une hampe nue, glabre, cylindrique, lisse, droite, un peu glauque et non tachée. Les fleurs forment à sa partie supérieure une grappe un peu allongée. Elles sont au nombre de quinze environ, pendantes, jaunes, supportées par des pédicelles longs d'un centimètre, et redressés, qui forment avec elles un angle droit. Ces pédicelles sont accompagnés à leur base par des bractées membraneuses, ovales-lancéolées, dont les inférieures sont très-courtes, mais qui s'allongent à mesure qu'elles deviennent plus élevées. Le haut de la grappe est formé par six à huit fleurs incomplètes, stériles, roses et très-petites, au-dessus desquelles est un bouquet de bractées, ou folioles rougeâtres.

Le périgone est en forme de tube, divisé jusqu'à sa base en six lanières, disposées sur deux rangs. Les trois extérieures, longues de 12 à 13 millimètres,

sont droites, concaves, un peu relevées en carène, jaunes dans leur partie inférieure, et vertes dans la supérieure ; elles présentent, un peu au-dessous de leur
sommet, une bosse plus ou moins saillante, au-dessus de laquelle est une petite
fossette. Les lanières intérieures sont d'un tiers plus longues, et en forme de
spatule. Leur limbe, qui est arrondi, entier, et plus ou moins violâtre, se renverse en dehors.

Les étamines, enfermées dans le périgone, à la base duquel elles sont insérées,
atteignent presque la longueur de ses divisions extérieures. Leurs filaments sont
blancs, en forme de soies, et un peu courbés ; ils supportent des anthères violettes en forme de fer de flèche émoussé, dont les deux loges s'ouvrent latéralement, et renferment un pollen jaune.

L'ovaire est libre, ovale, vert, glabre, marqué de trois sillons. Le style est en
forme de soie, arqué, et toujours un peu plus long que les étamines. Le stigmate
est brun, en forme de tête, et très-petit.

HISTOIRE.

La Lachénale jaune, ainsi que toutes les autres espèces connues du même
genre, est originaire du Cap de Bonne-Espérance. On l'a introduite dans les
jardins, où elle demande à être abritée dans la serre chaude. Elle fleurit à la fin
de février. Toutes les fleurs s'épanouissent presque simultanément.

EXPLICATION DE LA PLANCHE.

La Plante entière de grandeur naturelle.

1. Une fleur dont on a enlevé les étamines et les divisions intérieures du
    périgone.
2. Une fleur fendue latéralement, et étalée.
3. L'ovaire et le style.

Lachenalia Luteola.   *Lachénale Jaunâtre.*

P. J. Redouté pinx.   de Gouy sculp.

SCILLA AMOENA.

Fam. des Asphodèles. *Juss.*—Hexandrie monogynie. *Lin.*

Scilla amœna. S. scapo angulato, pedunculis florem subæquantibus, bracteis obtusis brevissimis, floribus erectis patentissimis.

Scilla amœna. S. scapo angulato; pedunculis alternis flore brevioribus; bracteis obtusis, brevissimis. *Willd. sp. pl. 2. p. 128. Pers. enchir. 1. 366. Poiret. in Lam. dict. 6. 737.*

Scilla amœna S. floribus lateralibus subnutantibus. *Hort. Cliff. 123 ? Roy. Lugd-b. 33 ? Lin. sp. pl. 443 ? Jacq. Austr. 218. Curt. Bot. mag. 341.*

Hyacinthus stellatus Byzantinus, alter elegantissimus serotinus bullatus. *J. Bauh. hist. 2. 582.*

Hyacinthus stellaris obsoletè cæruleus vel major. *Bauh. pin. 46 ?*

Hyacinthus stellaris Bizantinus. *Besl. hort. Eyst. vern. ord. 2. tab. 13. f. 3.*

SCILLE AGRÉABLE.

DESCRIPTION.

Une bulbe ovoïde, brune, de la grosseur d'une petite prune, émet par sa base des fibres radicales peu nombreuses, très-étalées. De son sommet sortent quatre ou cinq feuilles radicales, longues de deux ou trois décimètres, larges de douze à dix-huit millimètres, courbées en gouttière, molles, glabres, et un peu aiguës. Entre ces feuilles naissent deux ou trois hampes, de la même longueur qu'elles, demi-cylindriques, profondément striées, droites pendant la floraison et les premiers temps de la formation du fruit, couchées lorsque celui-ci parvient à sa parfaite maturité.

Les fleurs sont pour l'ordinaire au nombre de quatre à six, disposées en grappe lâche, et soutenues par des pédicelles toujours redressés, serrés contre la hampe, et inégaux en longueur, mais ne dépassant jamais beaucoup celle de la fleur. A la base de ces pédicelles sont des bractées membraneuses, obtuses, à peine longues d'un millimètre.

Le périgone est d'un bleu pâle. Ses divisions sont linéaires-lancéolées, un peu obtuses, étalées dès leur base en manière de roue : chacune d'elles présente dans sa partie inférieure deux petites taches blanchâtres allongées.

Les étamines insérées à la base des divisions du périgone sont un peu plus courtes qu'elles. Leurs filaments, en forme d'alène, supportent des anthères oblongues, bleues et vacillantes. Le pollen est d'un gris violâtre.

L'ovaire est libre, arrondi, d'un vert gai, surmonté par un style plus long que les étamines. Le stigmate est simple.

La capsule est arrondie, à trois angles très-obtus, et à trois sillons peu profonds. Elle est rougeâtre à sa partie supérieure. Ses loges renferment des semences, petites, arrondies.

HISTOIRE.

La Scille agréable est assez répandue dans les parterres, où elle fleurit au mois d'avril. Elle est originaire des environs de Constantinople.

OBSERVATIONS.

Les botanistes ont jusqu'à présent confondu sous le nom de *Scilla amœna* deux espèces très-distinctes, celle que nous venons de décrire, et à laquelle nous croyons devoir conserver ce nom, parce qu'elle est la plus généralement connue, et celle que nous avons décrite sous le même nom dans une de nos précédentes livraisons, mais que nous appellerons maintenant *Scille à fleurs inclinées* (*Scilla cernua*). Elles diffèrent l'une de l'autre par les caractères suivans. La forme de la bulbe est ovoïde dans la *Scille agréable*; elle est arrondie dans la *Scille à fleurs inclinées*. La hampe de cette dernière se renverse et se couche sur la terre immédiatement après la floraison : celle de la première reste droite long-temps après, et ne se renverse que lorsque le fruit est presque entièrement mûr. Les fleurs de la *Scille à fleurs inclinées* sont au nombre de deux, ou trois au plus, toujours penchées, ou même un peu pendantes avant leur entier épanouissement. Les divisions de leur périgone, rapprochées en manière de godet à leur base, ne se renversent en dehors qu'un peu au-dessus. Les fleurs de la *Scille agréable*, ordinairement au nombre de quatre ou six, sont toujours redressées, et les divisions de leur périgone s'étalent dès la base en manière de roue. Elles ne commencent à s'épanouir que lorsque celles de la *Scille à fleurs penchées* sont presque entièrement passées. Enfin les feuilles de cette dernière espèce sont plus courtes, plus larges, et d'un vert beaucoup plus foncé que celles de la *Scille agréable*. Il ne faut confondre ni l'une ni l'autre avec la *Scilla præcox*, qui en diffère par ses fleurs beaucoup plus petites, et ses pédoncules plus longs.

EXPLICATION DE LA PLANCHE.

La Plante entière de grandeur naturelle.

1. Une des divisions du périgone avec une étamine.
2. L'ovaire et le style.
3. La capsule entière.
4. La capsule ouverte.

Scilla Amœna.   *Scille agréable.*

P. J. Redouté pinx.   de Gouy sculp.

IRIS GRAMINEA.

Fam. des Iris. *Juss.*—Triandrie monogynie. *Lin.*

Iris graminea. I. imberbis, foliis linearibus angustis flores superantibus, caule compresso, germinibus sexangularibus. *Lam. dict. 3. p.* 301.

Iris graminea. I. imberbis, foliis linearibus, scapo subtrifloro ancipiti, germinibus hexagonis. *Thunb. diss. n.* 31. *Willd. sp. pl.* 236. *Hort. Berol.* 66.

Iris graminea. I. corollis imberbibus, germinibus sexangularibus, caule ancipiti, foliis linearibus. *Hort. Cliff.* 19. *Hort. Ups.* 17. *Roy. Lugd-b.* 18. *Mill. dict. n.* 10. *Jacq. fl. Austr. t.* 2. *Scop. Carn.* 2. *n.* 50. *Fl. Franç. éd.* 3. 1996. *Curt. bot. mag.* 681.

Iris graminea, cui pereunt quotannis folia. *J. Bauh. hist.* 2. *p.* 727. *Raji hist.* 1189. *n.* 6.

Iris angustifolia, prunum redolens, minor. *Bauh. pin.* 33. *Tournef. inst.* 361.

Chamæiris. *Dod. pempt. ic.* 247.

Iris angustifolia. 6. *Clus. hist.* 1. *p.* 230.

Chamæxyris angustifolia. *Lob. ic.* 69. *Moris. hist.* 1. *p.* 355. *n.* 16.

IRIS A FEUILLES DE GRAMEN.

DESCRIPTION.

On reconnaît au premier aspect cette Iris, à ses tiges fortement comprimées, deux ou trois fois plus courtes que les feuilles. Sa racine est brune, demiligneuse, cylindrique, noueuse. Ses feuilles, quoique comprimées en forme de glaive, ont l'apparence de feuilles de plantes graminées. Elles sont assez nombreuses, d'un vert gai, linéaires, redressées, longues de six à huit décimètres, à peine larges d'un centimètre, munies de nervures saillantes, aiguës, souvent courbées sur leur face, mais non sur leurs bords.

Les hampes ne dépassent guère deux décimètres de hauteur. Elles sont simples, couvertes par les gaînes des feuilles, fortement comprimées, de manière à présenter deux tranchants opposés. Chacune d'elles porte deux, ou plus rarement trois fleurs enveloppées d'une spathe à trois valves foliacées, non renflées, dont deux extérieures opposées, lancéolées, concaves, aiguës, relevées en carène sur le dos, et l'autre moyenne, plissée. Les deux pédicelles qui supportent ces fleurs sont inégaux, filiformes. L'un d'eux est long de deux centimètres, et l'autre de quatre ou cinq.

Le tube du périgone, dans sa partie non adhérente à l'ovaire, est très-court, et renflé. Les divisions extérieures du limbe sont étalées, mais non renversées en bas. Elles sont ovales dans leur partie inférieure ; et après s'être un peu rétrécies, elles se dilatent de nouveau en une lame arrondie, entière. Leur couleur est violette dans le bas avec une ligne jaune arrondie, assez large. La lame arrondie qui les termine est blanchâtre, avec des veines bleues, serrées. Les divisions extérieures sont entièrement violettes, lancéolées, un peu aiguës, entières ou légèrement dentelées au sommet, rétrécies inférieurement en un onglet étroit, dont les bords sont roulés en dedans. Elles atteignent à peine la longueur des stigmates. Ceux-ci sont lancéolés, entièrement violets, un peu plus courts et plus étroits que les divisions extérieures du périgone. Leur lèvre intérieure, fort courte, blanche et comme tronquée, porte à chaque angle une petite pointe. L'intérieure est fendue, jusqu'au-delà de sa réunion avec l'extérieure, en deux lobes, ovales, un peu obtus, recourbés en dessus.

Les filaments des étamines sont un peu aplatis, linéaires-lancéolés, d'une couleur pourpre, terne et peu foncée. Ils supportent des anthères violettes, linéaires plus étroites qu'eux. Le pollen est d'un rouge de minium.

L'ovaire est ovoïde, à six côtes saillantes. Il supporte un style court et libre, et se transforme en une capsule de même forme que lui.

HISTOIRE.

L'Iris à feuilles de Gramen croît naturellement en Autriche, en Piémont, et, à ce qu'il paraît, dans l'ouest de la France. Elle vient très-bien dans les parterres, mais elle y est peu répandue. Elle fleurit à la fin de mai.

EXPLICATION DE LA PLANCHE.

La Plante entière de grandeur naturelle.

1. Une des divisions extérieures du périgone avec une étamine.
2. L'ovaire, le style et les stigmates.

Iris Graminea. *Iris à Feuilles de Gramen.*

P.J. Redouté pinx. Langlois sculp.

ALLIUM ALBUM.

Fam. des Asphodèles. *Juss.*—Hexandrie monogynie. *Lin.*

Allium album. A. foliis lineari-lanceolatis planiusculis glabris, scapo angulato
nudo subtriquetro, petalis ovatis subdenticulatis patentibus stamina simplicia
superantibus, umbellâ capsuliferâ.

Allium album. A. scapo nudo obsoletè triquetro, foliis radicalibus lineari-
lanceolatis carinatis, umbellâ capsuliferâ, petalis ovatis, staminibus simplicibus. *Loisel. Desl. Journ. de botan. ann.* 1809. *vol.* 2. *p.* 281.

Allium album. A. umbellâ capsuliferâ, staminibus simplicibus, scapo nudo triquetro, foliis radicalibus lanceolatis carinatis amplexicaulibus. *Sant. viagg. al
Montam. p.* 352. *tab.* 7.

AIL BLANC.

DESCRIPTION.

Une bulbe arrondie, violette, de la grosseur d'une noisette, donne naissance
à trois ou quatre feuilles radicales, linéaires-lancéolées, planes ou légèrement
courbées en carène, aiguës, étalées, parfaitement glabres et d'un vert gai.

La hampe, qui s'élève à la hauteur de quatre à cinq décimètres, est nue dans
presque toute sa longueur, droite, glabre, verte, anguleuse, demi-cylindrique
dans le haut, plus ou moins triangulaire dans le bas.

Les fleurs forment à son sommet une ombelle aplatie, un peu lâche, dépourvue de bulbes. Elles sont grandes, d'un beau blanc de lait, presque inodores,
supportées par des pédicelles, longs de trois centimètres environ. La spathe est
à une valve, lancéolée, aiguë, et se fend le plus souvent d'un seul côté.

Le périgone est très-étalé, et a près de trois centimètres de diamètre. Les
segments sont ovales, obtus, légèrement dentelés. Trois d'entre eux sont un
peu plus larges que les autres.

Les étamines sont presque de moitié plus courtes que les divisions du périgone. Leurs filaments blancs, et en forme d'alène, supportent des anthères
ovales-oblongues, d'un gris verdâtre. Le pollen est jaune.

L'ovaire est arrondi, à trois angles peu saillants. Sa partie supérieure est
d'une couleur violâtre. Il est surmonté par un style filiforme, plus long que les
étamines. Le stigmate est petit et un peu en forme de tête.

La capsule est de même forme que l'ovaire, lisse, verte, sans sillons. Chacune
de ses loges renferme deux graines noires irrégulièrement triangulaires.

HISTOIRE.

L'Ail blanc découvert par Santi, en Toscane, a été dernièrement retrouvé dans le midi de la France, et nous en avons observé, dans l'herbier de M. Desfontaines, des échantillons qu'il avait récoltés en Barbarie. Il est maintenant assez répandu dans les jardins, et mériterait de l'être encore davantage, à cause de la beauté de ses fleurs.

Il fleurit au mois de mai.

OBSERVATIONS.

Cet Ail ne doit pas être confondu avec l'*Allium subhirsutum*, dont il se rapproche beaucoup par le port. Il en diffère par ses feuilles entièrement glabres, par sa tige plus ou moins anguleuse, par la forme ovale des divisions de ses fleurs, par le peu de longueur de ses étamines, et par la couleur grise, verdâtre de ses anthères.

EXPLICATION DE LA PLANCHE.

La Plante entière de grandeur naturelle.

1. Une des divisions du périgone.
2. L'ovaire et le style portés sur un pédicelle.
3. Une portion de la tige prise dans sa partie inférieure.
4. Une bulbe.

Allium Allium.
Ail Blanc.
P. J. Redouté pinx.
Langlois sculp.

TABLE FRANÇAISE

Des Plantes contenues dans le cinquième Volume.

TABLE LATINE

Des Plantes contenues dans le cinquième Volume.